U0155537

# 怦然心动的人生整理魔法

## 实践解惑篇

人生がときめく片づけの魔法2

湖南文艺出版社
HUNAN LITERATURE AND ART PUBLISHING HOUSE

博集天卷
CS-BOOKY

[日] 近藤麻理惠 —— 著　　颜尚吟 —— 译

现在你手上的这本书就是专为"想要整理，却还没有整理完的人"准备的，它会告诉你"完全彻底的整理方法"。

——日本新一代整理教主近藤麻理惠

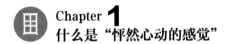

# Chapter 1
## 什么是"怦然心动的感觉"

## Chapter 2
### 打造心动之家的方法

## Chapter 3
### 按物品类别整理的心动收纳法

# Chapter 4
# 厨房应该这样整理

# Chapter 5
# 整理对于人生的意义

# 通过整理魔法，拥有怦然心动的闪亮未来

真正的人生，从整理之后开始。

因此，我希望更多人能够尽早开始整理。

这就是我——一个把人生大半的精力用来研究如何整理的人的最大愿望。

所以，我出了一本书来告诉大家"只要做一次整理，就绝对不再回复到原来状态"的整理方法。具体的方法在第一本书《怦然心动的人生整理魔法》中都做了详细的介绍。

那么，现在我就要开门见山问大家了：

**"你已经完全、彻底地整理好了吗？"**

一定有很多种回答。

有的人按照书中所写的方法实际操作，完美地完成了任务；有的人现在正整理得热火朝天，充满干劲。

当然，也会有人已经尝试过整理，却遭受挫败；还有一些人看完书后正在摩拳擦掌，跃跃欲试。

我想，应该还有一部分人属于"按照书上说的做了，可现在又回复到整理前的样子了"这一类。

**无论如何都无须担心。因为，现在你手上的这本书就是专为"想要整理，却还没有整理完的人"准备的，它会告诉你"完全彻底的整理方法"。**

你觉得"完全彻底的整理方法"是怎样的呢？

就像上一本书中讲到的，整理的基本前提就是"用'丢弃'的方法来完成整理的第一步"。这个东西能让人心动，那个则不能。不把所有的东西进行这样一番筛选的话，是不可能做好整理的。

另外，如果不丢掉东西，光是把东西收纳好，或是整理到一半，都有可能会遭遇"反弹"。所谓整理的"反弹"，就是说物品又回到了整理前那种四下散乱的状态。很多人遭遇"反弹"，是因为他们的整理半途而废。

那么，光靠丢掉东西就能把整理做好吗？当然不是这样的。

**并不是"这个也扔，那个也扔"，而是"有选择地留下发光的东西"，这才是理想生活的开端。**

如果是能让自己怦然心动的东西，不管别人怎么说，都坚持留在身边就对了。就算留在身边的并不是理想的东西，也要好好对待它们，让它们物尽其用。这样的话，很一般的东西也有可能变成自己不可或缺的重要物件。珍惜物品，从某种程度上来说也是珍惜自己的一种表现。

通过不断整理，反复判断物件是否能让人心动，几次下来，所谓的"心动感知度"就会得到提高。

这样可真是再好不过的事情。不仅整理的速度加快了，面对各种人生选择时的判断力也相应地得到了磨炼。

**话说回来，自己到底对什么东西心动、对什么东西不心动呢？**

说得夸张一点，生而为人，对"什么能让自己心动"的判断是了解自己到底是一个怎样的人的重要线索。

所以，我深深相信这些大大小小的物品是让我们的生活，不，是让我们的人生怦然心动的原动力。

偶尔也有客户反映说："要是把不让人心动的东西都扔了，那几乎就没有什么剩下的了，一时间有些困惑。"尤其是在刚整理完衣服的时候，这样抱怨的客户特别多。

这种时候，我希望大家千万不要退缩。因为，对现状的觉醒可比"一无所有"重要多了。要是一辈子都感知不到一件能让自己心动的东西，那才叫可悲呢。如果能给自己的生活以及人生带来一抹新色彩的话，那真是再好不过的事情了。

**其实，不管掌握了多少整理的窍门，都不意味着你是一个整理高手。**因为，这些都只不过是头痛医头、脚痛医脚的权宜之计。

留下令自己心动的物品，丢掉不心动的；接着，决定留下来的物品的固定位置，用完后一定要物归原位。整理要做到的也就是这两点而已。

如果说上一本书是指导大家"首先，要从'丢弃'开始"的话，那么，这本书就要教会你**"在丢掉不心动的物品后，如何创造理想的居家空间，过上怦然心动的生活"**。

如果你没有看过我的书，那么我建议你先读一读我的第一本书《怦然心动的人生整理魔法》。

整理的重点，不在于"应该把什么东西丢掉"，而是"自己想要在什么东西的围绕下生活"。

既然大家有缘遇到了这本书，我衷心希望"整理魔法"能够帮大家收获一个怦然心动的闪亮未来。

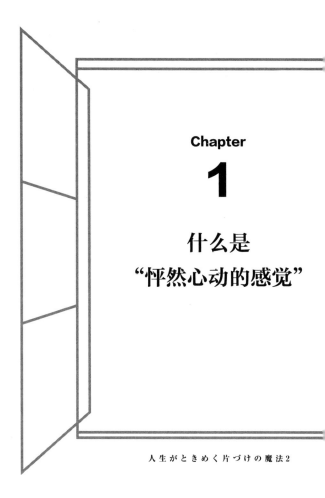

Chapter

# 1

# 什么是
# "怦然心动的感觉"

## 整理是面向自己的行为，
## 打扫是面向自然的行为

"这次一定好好整理！年底的时候要来个'集中整理'！"

说到年底的整理，那就是大扫除了。每年一到十二月，电视和杂志上就会推出各种关于整理的特辑，超市和杂货店也会大张旗鼓地辟出一个"扫除角"。

一到年底就想把家里打扫得干干净净，这几乎是日本人骨子里的习惯。所有日本人都会在这个时候将大扫除进行得热火朝天，这简直就是一个全民仪式。

可是，往往到头来听得最多的是这样的声音："年底的时候用心整理过了！只是……没能在年前整理完。"仔细一问，这些人几乎都是一边"整理"一边"打扫"的。一看到没用的东西就拿出去丢掉，把露出来的地板和墙壁之类的擦拭干净，把书从书架里整理出来，然后擦拭书架……**我敢断言，按照这样的做法，一辈子也做不完整理，大扫除半途而废也是理所当然。**实不相瞒，以前我爸妈也是用这种方法做"大扫除"的，从来没有一次在年前就把家里打扫得焕然一新。

"打扫"和"整理"是一对容易混淆的近义词，但其实这两个词完全是两码事。如果没有搞清楚这一点，想把家里打理得井井有条、一尘不染，那简直是天方夜谭。

首先，两者针对的对象就是不同的。**整理的对象是物品，而打扫的对象是污垢。整理是通过让东西发挥作用或将其收纳起来使房间变得整洁，打扫则是通过清理污垢、扫除灰尘来使房间变得整洁。**

家里的东西越来越多，胡乱摆放，这百分之百是你自己的责任。如果不是一个劲地买东西，又不懂得如何把东西妥善放置，东西是不会堆积得这么夸张的。而且，因为不懂得物归原位，房间里又会变得乱糟糟的。也就是说，"不知不觉间满屋子尽是些乱七八糟的东西"，都是你自己一手造成的。总之，整理可以说是一种面向自己的行为。

与之相对，"不知不觉间就沉积下来"的则是污垢。灰尘等污垢渐渐沉积，可以说是一种"自然法则"。**也就**

是说，打扫是一种面向自然的行为。

为了清除掉不知不觉间积累的污垢，必须定期进行清扫。所以，**每年年末定期进行的清扫活动只能被称为"大扫除"，而不是"集中整理"。**

那么，怎样才能毕其功于一役，做好大扫除呢？首先，就要完成"集中整理"。

读过《怦然心动的人生整理魔法》的读者一定知道，我所提倡的"集中整理"是要在短期内把房间一口气收拾干净，该丢掉的东西都丢掉，再把剩余物品都放到适当的收纳场所。

这样的整理做一次就够了。如果能下定决心做一次"集中整理"，那么等到年末大扫除的时候就能真正地把精力放在打扫卫生上了。

那些说自己"不擅长打扫"的人，其实大半是因为他们不会做整理。而那些完成了"集中整理"的人，绝大多数的反应是"打扫一下子就能完成"。一旦学会"集中整理"，那些自认为不擅长打扫的人不但不会感到困难，甚至还会爱上打扫这件事。

**顺便说一句，寺院的修行只能算是打扫，而不是整理。**

整理需要你判断每个物品是否有留下来的价值，并把它放在一个固定的位置，所以在进行过程中，必须认真思考。

而打扫就只需要动手，就算不用心也是能做的。

**所以，整理是一种内心的调整，打扫则是一种内心的清理。**

到年底打算把家里清扫一番的时候，请在开始大扫除之前先做一遍"集中整理"。如果没有做整理就开始打扫，那么就算打扫完了也称不上真正整洁。

## 不知"心动"为何物，
## 就从靠近心脏的东西开始选择

"我心动了……"

"感觉……应该会心动吧。"

"介于'心动'和'不心动'之间吧。"

某次整理收纳课的第一堂课，我与客户站在一间八块榻榻米大的房间里，衣服堆积如山，足有一米高，旁边是垃圾袋以及手拿衣服犹豫不决的客户。客户把手里的白T恤放回如山的衣服堆里，随即拿起边上的一件灰色开襟毛衣，足足盯了十秒后，缓缓地看向我，这样说道："我真的不明白什么是心动的感觉……"

**拿到某样东西的时候，你是否会有怦然心动的感觉呢？**

不知道正在看这本书的你是否了解，这就是我提倡的整理方法的关键。也就是说，要"留下让你心动的东西，丢掉你不心动的东西"。也许有人会说："原来如此，这个很好理解！"不过，也有人会想："你说的这个心动到底是什么感觉呢？"我整理课上的客户也不例外。这时，我必定会问这样一个问题：

**"这中间'最让你心动的衣服前三名'是哪几件呢？请在三分钟内做出选择。"**

话音刚落，之前一脸困惑的客户瞬间做出思考的表情。

"要说前三名的话……"

她一边说着一边迅速地从堆成山的衣服中先捞出五件，然后把衣服一字排开，不断变换排序，或是把衣服丢回去。整整三分钟后，客户指着衣服，自信满满地说："从右往左，是我最喜欢的第一、第二和第三名！"

我一看，从右往左分别是：一条白底印绿花的连衣裙、一件米色的马海毛针织衫，以及一条蓝色花纹的半身裙。

"原来这就是所谓的心动！"

这可没有一点开玩笑的意思。**想要知道自己对哪样东西心动、对哪样东西不心动，最好的诀窍就是把东西进行比较选择。**事实上，对单一物品进行判断并非像分辨黑白那样简单，对每一个人来说一开始都是有难度的。"要从这堆衣服里挑出最喜欢的三件，原来是这样的啊。"**将让**

自己心动的东西和其他东西进行对比，才能明白其中的差别在哪里。所以，必须先在同类物品中进行一番比较选择，这是十分重要的。

我建议最初从衣服的整理入手。虽然是衣服与衣服相比较，但**这里面也藏着一个判断心动与否的秘诀，那就是，从靠近心脏的衣服开始选。**

知道这是为什么吗？

**这是因为，心动与否并不是由大脑来判断的，而是由心脏来感应的。**比起袜子，下装（内裤、半身裙等）离心脏更近，而上装（衬衫等）又比下装更靠近心脏。就像这样，越靠近心脏越容易选择。打底背心和文胸等内衣则是更加靠近心脏的物件，但这些东西往往没有多到需要你做心动比较的地步，所以，从上装开始选择才是王道。

如果还是有衣服让你"搞不懂到底有没有让自己心动"，**那就不要止于用手摸，建议你试着把衣服紧紧抱在怀里。**当衣服靠近心脏的时候，自己的身体有什么样的反应？就算这个感觉不太准确，也有助于判断是否能让你心动。所以，要试着仔细观察，试着触摸，试着抱紧，要用各种各样的方法来与物品互动。

当然，作为最后的手段，试穿一下衣服也是可以的。在这种情况下，可以先把想要试穿的衣服挑选出来，码成一堆，然后集中进行试穿，这样效率会比较高。

一开始的时候，辨别心动的感觉的确是比较困难的。**在我的客户当中，确实有人在第一次的时候花了足足十五分钟判断对自己手上的那件衣服是否有心动的感觉。**

所以，就算你因此感到不安，纠结于"要花这么多时间，行不行啊"，也不要过于担心，要放轻松。

判断心动与否所需要的时间长短，其实取决于经验。当然了，从一开始时慢慢地寻找心动的感觉到后来判断速度加快，这个过程中，有一点非常重要，那就是千万不能放弃。

顺便说一句，前面介绍的"心动排序整理"在整理其他物品的时候也适用。不管是书还是其他感兴趣的东西，不能明确判断是否心动的时候，请逐一试试看。如果是同一类物品，那就不是选前三的事了，而是对所有物品进行明确排序，你一定会感到震惊。虽说对身边的东西都进行排序的确要花不少时间，但是在选择"前十名""前二十名"的过程中，你能清楚地找到自己的心动分割线，发现"这个那个已经都派不上用场了"。这是一种非常有趣的体验。

## "最好是留着"是整理的大忌

"对于那些完全不让人心动但又不能少的东西，该怎么处理呢？"

这是我的客户们最关心的问题之一。比如，大冬天时用的保暖内衣等注重实用性的衣服，剪刀、螺丝刀这样的工具，在收拾这些东西的时候，很多人都会犹豫不决。"虽然不让人心动，但都是必需品啊。"

这种时候，我都会先这样回答："**实在无法让你心动的东西，不如干脆丢掉，没问题的！**"

如果对方的回答是"这样哦，那就狠心丢掉试试吧"，这就很简单了。可是大多数人都会回答"不行啊，丢了多不方便"，或者"偶尔也还是要用一下的"，这时我就会这样说："那就不要丢，好好收起来。"

这一连串的应答看起来好像有点不负责任，但其实，这是以我耗费半生时间得出的整理经验为基础做出的解答。

准确地说，我是从中学时代真正开始研究整理的。在经历了不管什么东西都乱扔一气的"狂扔时代"后，我终于认识到了"只留下心动物件"的重要性，然后就是日复一日地实践。对于各种不能让自己心动的东西，一扔了之，如此循环往复。

**直截了当地说，"姑且一扔"是不会造成致命伤的。因为你会发现，家里其实可以找出不少替代品。**

丢掉一只有些破损的花瓶后，第二天开始觉得有些不方便，而把自己中意的布包裹在废弃的饮料瓶上再插上花，就是一个不错的替代品。

丢掉把手老旧松动的锤子后，就用平底煎锅来敲钉子。

音箱的喇叭用久了破音，实在听不下去就把它丢掉，改用耳机来听音乐。

当然，万不得已的时候还是会考虑重新买一样，此时考虑的就不仅仅是实用功能了，还会从设计、使用体验等角度精挑细选，最终会买到一款合心意的极品。这种情况下入手的，才是自己会一直珍惜的最棒的东西。

整理并不是单纯的关于留和扔的命题，而是一种让自己重新正视与物品的关系并进行微调，从而创造更美好的生活的绝佳学习过程。如果按照这样的思路，整理的乐趣想必会大大增加吧。

虽然做法有些粗暴，但我确信，"试着舍弃不心动的东西"是让自己生活在心动物品围绕之下的最迅速的方法。

**"最好是留着"，绝对没有这回事。任何东西都是可以被取代的。**

对那些正热衷于"集中整理"的人来说，"最好是留着"是绝不能挂在嘴上的大忌，请大家一定要记住。

## 思考那些"不心动又必需的东西"的
## 真正用处

上面也讲到了，把不让人心动的花瓶丢掉之后，就用饮料瓶来代替花瓶。饮料瓶轻巧不怕摔，用完就扔，也不需要专门收纳的地方。用剪刀剪去部分瓶身，可以自由调节高度，再用自己喜欢的布包裹瓶身，就能享受自己设计造型的喜悦啦。就算现在手头已经有一只中意的玻璃花瓶，我还是偶尔会在花多得装不下的时候自制饮料瓶花瓶。

用耳机取代音箱则是最适合我的简单生活的正确决定。最近，我喜欢把耳机音量调到最大，实现真正意义上的取代音箱。在那些对音质有特别要求的人看来，这或许是难以忍受的行为，但不管是从音质还是从音量来说，在我这个狭小的房间里，耳机播放出来的音乐已经是足够的了，我个人对此感到非常满意。

**通过舍弃发现的生活中的新乐趣真是数不胜数。**

话虽如此，也有例外的时候。

吸尘器就是一个很好的例子。由于机器老旧不堪就扔进了垃圾桶，开始用纸巾和抹布擦拭地板，但是发觉太耗时间，所以我放弃了，重新买了一台吸尘器。

再比如螺丝刀，扔了它之后发现柜子的螺丝松了，就试图用尺子把它拧紧，结果尺子咔嚓一声对半断成两截，真是把我心疼死了。

还有穿在裙子里面的保暖裤，我不再穿它之后身体立马受寒，还得了膀胱炎，被医生臭骂了一顿。再次穿上保暖裤的那一瞬，真是感觉安心又幸福啊！

这些例子当然都可以说是"年少无知"的结果，那时候的我对真正意义上的心动的判断力的确还是十分迟钝的，一看到外观朴素、平凡无奇的东西就想丢掉，根本没发现那些其实是让自己心动的物品。当时只是一味地觉得只有那些能让人心跳加速、血往上涌的东西才能令人怦然心动。

但是，现在的我再不会这样想了。

所谓的怦然心动，并不单是"令人陶醉""招人喜欢""使人心跳加快"这类简单的魅力。**朴素的设计传递出来的"安心感"、功能丰富的"便利性"、说不出的"融洽适合"，以及在生活中"发挥作用"等，才是名副其实的让人怦然心动的特点。**

其实，如果真是不会让你心动的东西，你从一开始就不会为是否要留下它而犹豫不决。

**让人有"虽然不心动，却不想扔"的感觉的，往往只有三种东西，它们分别是：曾经让人心动但已经完成历史使命的东西、本应仍旧让人心动事实上却并非如此的东西，以及不管心动与否都不能丢掉的东西。**其中，第三类物品常常包括必须一直保存着的合约、印章、丧服、礼服，以及红白喜事等仪式需要的物品，还有那些随意丢掉就会引发麻烦的家人、朋友或其他人的东西。

这种判断并没有什么难度，只需按照常理对物品一一进行考量，看它们的"真正作用"是什么，就能得到答案。

**如果觉得感知心动有困难，我这里有一个提高感知度的小窍门可以介绍给大家。**

**这就是，用赞赏的眼光重新审视那些"虽不让人心动却用得上"的东西。**比如像下面这些情况：

"这条光秃秃的全黑衬裙真是普通得不能再普通了，

但是它能衬托出连衣裙的线条，这种低调的内涵就是它最大的魅力啊！"

"虽然螺丝刀的出场机会很少，但它能迅速高效地把柜子的螺丝拧紧，简直就是天才啊。质朴的外形和冷硬的质感都为家里增添了一种全新的感觉呢！"

这样说出来好像有硬要找出优点之嫌，但真的做起来还是挺让人开心的。**总之，真正的必需品肯定是能让自己幸福的东西，所以，应该积极地把必需品当作"心动物品"来对待。**

这样一来，令人不可思议的事情开始发生，就算是本以为只有实用属性的东西，也由于能在生活中发挥作用，被人正视为"让人心动"的东西。在我平时的整理课上，有一个课题是"好好犒劳自己用过的每一件物品"，这不仅有助于提高心动判断力，还能使物品发挥其他重要作用。

这也是我的客户们都深有同感的。在进入厨房小物件整理的阶段后，他们对毫不起眼的平底煎锅和打蛋器也能坦荡荡地喊出："它让我好心动！"

另外，也有不少客户会说："我真是对工作制服爱不起来。"但是，让他们好好想想爱不起来的原因，大多数人都会发现其实是自己对工作本身爱不起来。

**有些我们自认为不会心动的东西，其实真正打动了我**

们，只是我们丝毫没有察觉，而跟自己说"没有心动"。所以，物品与我们人之间的关系恐怕是十分深奥、复杂的。

心动感知度随着整理的进行得到提高，自己的东西一件件变得清晰起来。其实这也正是整理的目的之所在。

## 看似无用的心动物品
## 可以拿来活用

　　"这件衣服很让我心动，但肯定不会再穿了，是不是应该扔了？"

　　在某堂整理课上，有个客户犹豫地问我。我顺着她指的方向看去，原来是一条醒目的蓝色镶金边的连衣裙。连衣裙的肩部装了垫肩，高耸着，裙边上足足镶了五层荷叶边，的确是平常日子里很少会穿出门的华丽设计。在我的一再追问下，她才说出实情，原来这是很久以前学舞时在发布会上穿的服装，现在已经不再学舞了，而且就算要重新开始学的话，也得换一条新舞裙，这条裙子肯定是不会再穿了。

　　"虽然每次看到都还会觉得心动，但看样子现在也只好丢掉了吧。"

"请等一下！"

我拼命阻止那位正心不甘情不愿地把裙子扔进垃圾袋的客户。

"尝试着把裙子当家居服穿穿看吧！"

"什么？！"对方先是一惊，紧接着一脸认真，试探性地问，"可是，这样很奇怪吧？"

我笑着反问："它能让你心动，不是吗？"

客户思考了大约五秒，说："不管怎样，这么久没穿了，今天再穿穿看吧！"说着，一手揽着裙子推开隔扇，急匆匆地走进隔壁房间换衣服去了。

三分钟后，隔扇呼啦一声打开，刚才那个客户出现在眼前，好似换了一个人。从T恤、牛仔裤变成蓝色连衣裙自不必说，头发也梳了上去，还插上了黄色的头花，金色的耳环在耳畔摇晃。仔细一看，甚至脸上的妆容都发生了变化。这下子轮到我吃惊了，不知道该如何反应。客户微笑着看向全身镜中的自己，这样说道：

"想不到效果很好呢，我今天就穿着这一身做整理了！"

虽然这是一个有些极端的例子，但是，那些在派对上才穿的旗袍、女仆装，或者是以前练舞时穿过的芭蕾服等各种各样角色扮演路线的衣服，大多都被主人保留着，衣服的主人大多都真心喜欢这些衣服，总也舍不得丢掉。

**如果是"因为心动舍不得扔，但又穿不出门"的衣服，那么当作家居服穿是最好的选择了。**

当然，或许有人会对此有所抵触，但是，不妨先穿一次试试看，或许镜子中自己的蠢样会让你下定决心把衣服丢掉，又或者穿起来效果很好，在平时也能享受非日常的乐趣（记得先跟家人打声招呼）。不管怎样，都是好的。如果能生活在心动物品的围绕之下，甚至穿上令自己心动的衣服，那整个家简直就成了自己的天堂。

**所以，不能因为心动物品派不上用场就一扔了之。想方设法灵活运用让自己心动的物品，也是"集中整理"的乐趣之一。**

另外，**还可以把自己中意的物品的照片在壁橱上贴得满满的，打造出一个"心动空间"，或是把风景明信片插在整理柜的正面当作装饰。不管怎样，要想办法让那些"看起来没有实际用途的心动物品"得到活用。**这才是整理的妙趣之所在。

如果这个也扔那个也扔，生活本身就会变得令人爱不起来，所以请务必注意。

## 不能把"散乱"和"回复原状"混为一谈

"不好意思，我的房间又回复原样了。"

看到邮件里的第一句话，我就怔住了，心想："终于到了该讨论这一步的时候了吗？"

我开办的个人课程都是到客户家中教对方整理，我很骄傲的是，到目前为止，毕业生的回流率一直是零。关于这个零回流率，有人半开玩笑地说："不可能是零吧。"还有人问："你是怎么篡改数据让它变成零的啊？"我要说的是，事实的确就是零。这并不是一个多了不起的数字，什么都算不上，只要真正学会了整理的方法，谁都可以做到不让自己的房间回复原状。

"为了下次能以'零回流率'为招牌，我必须向这位客户道歉，并且主动提出再上一次课。"我一边这么想，一边紧张地查看发件人姓名，结果有些失望。原来这位客户还没有上完课程，还剩下小东西和纪念品的整理课没有上，并且已经预约了在月底上最后的课程。

话虽如此，我至今为止却还没有听说过有人在整理课程中途遇到房间又回到散乱状态的例子，所以这里面一定有什么问题。

给我写邮件的是公司职员 A 女士，有两个孩子，一个四岁，一个六岁，丈夫也是整天忙于工作。

"真是不好意思，我家又变得跟第一次上课的时候一样乱了……"

上门去上最后一课的时候，我发现 A 女士的家里的确已经是一片狼藉了。客厅的角落堆满了衣服，和室满地都是儿童的玩具，厨房里的餐具堆成了山，根本没法上课。

"不管怎样，先把那些确定了摆放位置的东西物归原位吧。"

"是哦，啊，前几天把公司里的桌子也整理了一下……"

A 女士一边跟我聊天一边把东西一一归回原位：衣服都折叠好了放进抽屉里；玩具都放进塑料收纳箱里收好，布玩偶放进藤条箱子里，孩子玩剩下的废纸扔进垃圾桶；厨房里的调味品整齐地放回架子上，洗好的锅碗瓢盆都放回橱柜里。

半小时后，家里的整洁程度回复到了跟上次课程结束后差不多的状况。也就是说，地板上和桌子上的东西都清空了。

"原来如此！只要花上三十分钟就能变得这么干净啊。"A女士说道，"因为平时忙，东西都没时间放回去，每个月总是有两三次这样的情况。"

其实，这并不能算是回复原状，只是日常使用后没有把东西及时"归回原位"，造成了暂时的散乱现象。

**"回复原状"和"散乱"是两回事。**"回复"指的是在一次完美的整理后，没有被固定位置的东西在家里随处乱放的状态。不管多散乱，只要每一样东西都有固定的位置，就完全没有问题。我自己也是一样，由于工作太忙，每次出门时都是手忙脚乱，回来的时候又疲惫不堪，不知不觉间，本该叠好收起来的衣服堆成了山，这也是常有的。但这并不会让我感到焦虑，因为我知道只要花点时间稍微整理一下，房间就能像原先一样整洁。"只要花上三十分钟就能让房间整洁如初！"这种观念让人备感安心。

糟糕的是，面对暂时的凌乱却误以为"啊，居然又回到以前的样子了"，这样一来，整理的热情会急剧下降，真的会导致前功尽弃。

**所以，在每次整理的过程中，就算房间再乱也不能放**

**弃**。首先，要把固定了位置的东西放回原位（收纳箱的位置最后决定，在整理过程中只需暂时放在一处），然后再做进一步的整理。随着整理的展开，回复整洁所需的时间就会越来越短，所以完全不必担心。

这是整理过程中常常遇到的一个状况，这种时候不如试着返回原点吧。给每一样东西都确定位置是一开始整理就要学会的守则。

请大家相信，只要能坚持把整理做到最后，是绝不会有回复原状的情况的。

## 整理过程中感觉"看不到终点，
## 受到挫败"怎么办

　　虽然已经下定决心开始集中整理，但这整理何时才是个头呢？想必不少人都有过在整理过程中站在房间中央不知道接下来该怎么做的经历吧。

　　不用担心，每个人在刚开始整理的时候都会有这样的感觉。

　　"近藤小姐，我受挫了。"

　　"又开始整理衣服了，不知道什么时候才是个头啊，太打击人了。"

　　我的客户或者研讨组的学员偶尔也会这样向我吐露心声。

　　**之所以会感到茫然不安，是因为对自己的房间没有一**

**个总体的印象把握。**

在这种时候，我建议对收纳现状做一个盘点。当前，家里有哪几个收纳用的柜子、箱子？里面都装着些什么东西呢？可以自己画一张房间平面图，把现状冷静地记录下来。

当然，实际开始整理的时候，"节外生枝"也是家常便饭，所以不必过分拘泥于小节，只需大致把握收纳物品的分类就行。

我一开始上门去客户家的时候，也不是一进门就从衣服整理开始做起，而是先确认一下家里有哪些收纳场所。

"这里面放的是什么？"

"同类的东西还有放在其他地方的吗？"

反复问过这样的问题后，我会把答案记在脑子里，对家里物品的摆放位置和数量有一个总体的把握，然后在脑子里开始想象完成这次整理需要多长时间，决定最终该如何收纳。

不过，这只是我站在上课的立场上来说的，大家对自己家里的收纳进行盘点的时候，只要"把握现状并冷静思考"即可。

而且，不必在清点收纳现状上面花费太多时间，十分钟就够了，至多不要超过三十分钟。

**关键在于一定要做记录**。如果只关注收纳的情况，难免会产生"到整理完成还有很长的路要走啊"的感觉，结果影响到对现状的把握，甚至会陷入恐慌。

**如果事先明白了其中的奥秘，这种收纳盘点工作就是一种放松**。光是把家里的收纳场所一个个写下来，就能让自己冷静下来。所以，如果中途觉得"现在不是干这个的时候"，停下来也不碍事。如果盘点收纳现状成了你的负担，阻碍了整理的进度，那就是本末倒置了。

喜欢做笔头记录的朋友，可以把收纳场所的东西都检查一遍，列一个清单。充分了解收纳物品，可以加快整理的速度。

有些客户甚至还专门做了一本"集中整理笔记"。第一页写上"理想的生活"，第二页开始是"现状"（整理的烦恼、现有的收纳家具、现有物品分类清单）和写有"整理的进度"的进度表，上面记录了整理过程中的心得和使用的垃圾袋数量等。

"把一类东西整理完毕后，用封条封起来是一件很有快感的事情呢。"

如果你刚好喜欢做记录，不妨多花一点时间在做记录上。就算整理时间减少了，但只要能做得开心就很好。大家都试着找到适合自己的方法吧。

## 给凌乱的房间拍照，
## 用"震撼疗法"激励自己努力整理

整理的方法已经掌握了，理想的生活环境也已经设想好了，那么，就开始大张旗鼓地集中整理吧！正跃跃欲试的 T 太太却突然情绪低落，把第一堂整理课推到了下一周，并在邮件里这样写道：

"虽然也想开展集中整理，可是一团乱的房间实在是让人厌烦，根本没有什么动力……

"我们家有的房间简直成了库房。

"两个孩子把房间里弄得乱七八糟、一塌糊涂。"

大家总是能找出各种各样的借口不去展开整理行动，甚至连"对我这个 B 型血的人来说本来就很困难嘛"这样的话都说得出口。

"别再狡辩了，赶紧动手开始吧！"我真的很想这么直截了当地对那些人说。不过既然还有工夫瞎扯这么多理由，至少说明大家还有做事情的精神。所以，不如好好利用眼前这"空前绝后"的脏乱差的景象来为整理助力吧。

**请用数码相机或手机把房间里凌乱的状态拍下来，从各个角度把房间整体以及抽屉里面都拍个清清楚楚。**你们猜会发生什么？你会发现照片里的房间比自己想象中的更加凌乱。堆成山的脏衣服、摊开的书本，总之到处都是你不明白它为什么会出现在这里的东西。客观看到的房间实况让人备受打击，情绪愈加低落。可是，为什么要做这种让人更加丧气的事呢？这可绝不是要故意找麻烦。越是情绪低落，越能激发热情和奋斗的意志。一旦情绪低落到了最低点，整理行动就会很快展开，因为厌倦也是有一个尽头的。

这个方法不仅可以在整理前使用，在整理中途因疲劳而情绪低落时也非常管用。之前拍的照片可以与房间整洁后做比较，让你享受成就感。也可以在跟朋友聊天时拿出对比照片来秀一秀，这是不错的话题。总而言之，要灵活利用这个方法。

随着整理的进行，你会渐渐忘记以前的凌乱状态。在整理中回头看看最初的照片，就会感到"比开始的时候干净多了呢",于是更加有干劲了。

　　整理结束后,再看一眼之前的房间照片,几乎每个人都会惊叹:"这个乱七八糟的房间到底是谁的?"这个结果简直让人不可思议。

　　**偷偷地对各位说,我在情绪低落的时候,会对着电脑把负面情绪洋洋洒洒地都写出来,一边哭一边任由自己的情绪跌到谷底,然后蒙上被子睡上一觉。**一晚过后,神清气爽,一身轻松。就算再烦恼的事情,最长也只要一个月时间就能忘得一干二净。当时哭着写下的消沉日记可是绝对不能让别人看到的,一年之后再看,就会觉得都是些可以一笑置之的事情。

## 不管多么凌乱，
## 都要"不畏缩、不中断、不放弃"

　　我的整理工作至今已经做到了第九年。每一个被访家庭都说"我们家已经乱得不成样子了"，结果我一家家走下来之后，已经练就了"金刚不坏之身"，一般的脏乱不会让我感到吃惊。房间一角堆着三四堆衣服，我已经习以为常了，有的房间一打开房门就是满地的书，几乎能没过脚面，还有的房间满屋子都是瓦楞纸箱……每一个房间都是来势汹汹的感觉。

　　即便已经身经百战，我第一次来到 K 小姐家的时候，还是忍不住感到一阵久违的眩晕：这里是地狱吗？

　　K 小姐是自由职业者，一楼的房间她用来当办公室，二楼和三楼是私人空间。穿过一楼相对整洁的走廊，走上楼梯，打开私人空间的房门的一瞬间，我的感觉是：天哪，简直走进了一个奇幻的世界！

一打开门，脚边紧挨着的就是一只猫砂盆，盆的周围散落着看上去像是猫粮的东西，想不踩到这些东西就顺利走到房间里面去可是个不小的考验。正想着，脚底下就踩到了一颗麦丽素大小的猫粮。我正在为弄脏了拖鞋而不好意思，一边抬头，眼前的景象让我瞬间就把弄脏拖鞋的事忘到了九霄云外。

眼前往上一层延伸的楼梯简直就是由书本搭建起来的。准确地说，每一层台阶上都叠放着三四本书，台阶被铺得满满的，原本的木质部分几乎已经看不见了。

K 小姐顾不上目瞪口呆的我，一边说着"书有点多啦，楼上还堆了不少呢"，一边踩在似乎每走一步都有可能让书滑落的台阶上，像消防员一般动作敏捷轻盈地往上走。

我一边紧紧抓住扶手跟在她身后，一边脑子里开始胡思乱想起来："要是从这楼梯上滑下去，后脑勺刚好就砸在门口那个猫砂盆上了……这简直是防盗机关嘛。"

平安到达三楼，客厅里的书依旧是堆得山高，像是一堵墙。我姑且无视书墙，往前走，映入眼帘的是 K 小姐的房间，这简直就是一个"衣服洞穴"。

这么说真的一点都不过分，房间两侧的晾衣杆上挂满了衣服，两边的视野变得狭窄，就像进入了洞穴一样。

第一堂课是这副样子的 K 小姐，至今都还在上我的整理课。说实话，她在整理上花了不少时间，大大刷新了我之前一对一上课次数的纪录。

不过，现在 K 小姐的家里跟以前完全不同了。生活中，她是一个每月至少去看三次美术展的艺术品爱好者，家里收藏着大量陶器和名画临摹品。每次整理过后，当墙壁上有空白多出来的时候，她就挂上自己喜欢的画。汇聚了莫奈作品的房间一角简直变成了颇有个性的画廊，之前地狱般的环境已经找不到一丝踪影。

即便如此，K 小姐偶尔还是会这样问我："整理完的时候的确是很干净……可是，花了这么多时间没问题吗？"

我立即回答："没事的！因为整理的水平在不断地提升。"

**不管多么凌乱的房间，整理都只是一种物理性的作业。东西毕竟不是无穷无尽的，只要能留下让自己心动的东西，给它们固定位置，整理工作就一定会结束。**

随着整理的进行，你离自己的心动房间会越来越近，如果中途放弃，那就太可惜了。

**一旦集中整理开始了第一步，就要遵循"不畏缩、不中断、不放弃"的三不原则。**

我敢断言，不管现在情况如何，每个人都能通过自己的努力打造一个心动房间。因为，**整理这件事是不会骗人的。**

相反，如果不能坚持，那么集中整理会是永无止境的。

如果你是中断了整理的一员，就请不要磨磨蹭蹭了，赶紧再次开始"集中整理"吧！

## 即使是整理菜鸟
## 也能经历戏剧性的变化

你是整理达人还是整理菜鸟呢？

在开始集中整理前，我向客户提出这个问题时，通常会收到三类答案：达人，不大擅长，菜鸟。这三类答案占的比例是1∶3∶6。

如果对方是整理达人，那么等我去他家拜访的时候他就已经整理得比较整洁了。因为这类人会主动实践各种整理方法，就连提问也十分具体。

"吸尘器是放在壁橱比较好，还是放在储藏室比较好呢？"

"毛巾收在洗脸台的边上没问题吗？"

尽管问题琐碎，我都一一回答，所以谈话得以顺利地进行。整理达人相对来说更擅长选择心动物品，因此只需要稍微调整一下收纳方式，整理课程很快就可以结束了。

不大擅长整理的人通常有自己的一套方法，按照这套方法做整理也不会太糟糕。只不过，从全局上来讲，还是有些欠缺的。就算收纳得很整齐，还是留下很多自己不心动的东西，而且他们会把同一类物品分别收纳到多个地方，使收纳变得相当复杂。给这些人上课时，我都要求他们从整理衣服开始——把衣服堆在房间一角，一件一件地拿在手里选择让自己心动的衣服。

剩下的就是整理菜鸟了，他们通常要等到我上门的那一刻才开始进入集中整理。对整理变态狂的我来说，其杂乱已经到了让人发疯的地步。其中，有人说出了"房间就是仓库"这样的名言。还有很多次，在做物品的心动确认之前，先要整出一块能够堆放衣服的空地，或是先用吸尘器把地面清理干净。

直截了当地说，不管是哪一类人，都能成为整理的高手。

**但是，要说哪一类人最能在整理水平上发生戏剧性的变化的话，那无疑是整理菜鸟。**

哪怕是那些觉得自己不会整理、永远学不会整理的人，一旦变成整理达人，也会变得非常勤快。

**说什么整理高手、整理菜鸟，都是一种偏见。**

所谓整理菜鸟，只不过是不知道正确的整理方法，以至于从未见过整理完毕后的整洁的家居环境状态。

**正是那些目前的整理菜鸟，面对凌乱的房间束手无策的人，整理后才能达到戏剧性的效果。**

我曾在课程结束后收到过客户的丈夫寄来的邮件，里面说他妻子简直像换了个人似的，变得特别勤快了。

听这位丈夫的意思，他的妻子以前是一个"不管好坏都特别不上心的人"。

"既不顾下面，也不看后面，用过的东西不放回原位，对什么事都不上心。之前所有的整理都是我做的，可是现在妻子像变了个人似的勤快起来了，叠衣服自然是不必说了，包里的东西也会物归原位，这些都变成了她每日必做的工作，这甚至让我有些感动。"

这样的变化会给人生带来多大的正面影响，大家都想象得到吧。

所以，不管怎样，请放宽心。

**哪怕是那些自以为会稀里糊涂地过完不会整理的一生的人，"整理之神"也不会见死不救的。**

当然，这只是针对那些下决心要做整理的人。

　　如果一个人不是发自内心地想要做一件事，那么，他是无法改变自己的人生的。

　　在完成整理之后，你会从"整理之神"那儿收到一份很棒的礼物。

## 完全彻底地整理，
## 实现理想生活

每次被问到"集中整理的周期有多长"的时候，我的回答都是"最长半年"。当然，这是在我访问过客户家，调整下次课程的内容并预约好上课时间之后才给出的答案。

不过，也有人通过看我写的书自学近藤整理法并加以实践，他们常常向我汇报整理的情况，有的说"花了两天半的时间把家里整理得像酒店一样整洁了"，还有的说"花了五天长假的时间做整理，连纪念品都让我收拾得井井有条了"，这让我感到吃惊——这么迅速就完成了？

我进一步向这些速战速决、已经进入"心动生活"的人进行询问后，才发现其实并非我所想的那样。他们只不过是忠实依照我书里写的内容进行了实践而已。

也有一部分人是这样对我说的：

"很遗憾，我的整理没能做完。

"中途遇到了困难。

"整理是做了，但是很快就回复原样了。"

对于这些人，我有一个问题：**从一开始就想象过自己的理想生活吗？**

如果没有想过这个问题，那就像是没有终点地瞎跑。如果有人是在整理中途失去热情，中止了行动，那么很有可能就是因为没有设想过自己的理想生活。

**首先，该丢的东西真的都"丢"完了吗？**请记住，千万不能一边丢东西一边做收纳。如果该丢的东西还没丢完就想着要把东西都收纳起来，整理就永远没有尽头了。

在判断东西该留下还是该丢掉时，是否给物品进行过分类（比如，衣服归衣服，书归书），集中堆放在房间的某个地方了呢？把全部的东西堆积在一个地方，有助于对自己拥有的东西的总量有一个大概把握。有些人在不清楚物品总量的情况下想要完成整理，我很佩服他们的勇气，但同时觉得，这未免有点鲁莽了。

**进行心动鉴定的时候，你确实把东西一件件地拿在手上判断了吗？**衣服还挂在衣柜里就做心动鉴定的话，不管做多少次都无法提高自己的心动感知度，结果还是没办法挑选出正确的心动之物，无法使自己的眼光得到锻炼。通过整理来发现什么东西是让自己心动的，什么东西是自己不心动的，拥有这种判断力才能让整理发挥最大的效用。如果漏掉了这一环节，说实话，就算家里整理干净了，也还是会有遗憾。

**真的按照正确顺序进行集中整理了吗？**按照衣服、书籍、文件、小物件、纪念品这样的先后顺序进行整理，才是正确的。在培养出心动判断力之前就开始进行照片之类的小物品的整理的话，会感觉不知道何时才是尽头，而且一直会被挫败感笼罩。为了避免这种情况，请大家按照正确的顺序从头开始做一遍。

**我猜，你是从客厅开始整理的吧？**将整理按场所、房间来划分，这其实是房间回复原状的原因之一。"不是按照场所划分，而是按照物品类别划分"，这是十分重要的一条原则，请大家一定牢记。

**是不是还有很多东西不知道该放在哪里？**每一件东西都有了属于自己的固定位置后，集中整理才算是完成了。物品在自己的专属位置上才会闪耀出光芒，而作为主人，你也会提醒自己要更加爱护自己的东西。

最后要注意的是，"集中整理"要**"在短时间内一口**

**气完美实现"**。戏剧性的变化会让你备受鼓舞，然后发誓"再也不要住回那种狗窝一样的地方了"，继而努力整理，并且再不让居家空间回到乱糟糟的样子。

就趁此刻下定决心吧！

"完全彻底整理，实现自己的理想生活！"

放心好了，只要有这样的愿望，不管是谁都能学会整理，并且迎来整理过后的闪亮人生。

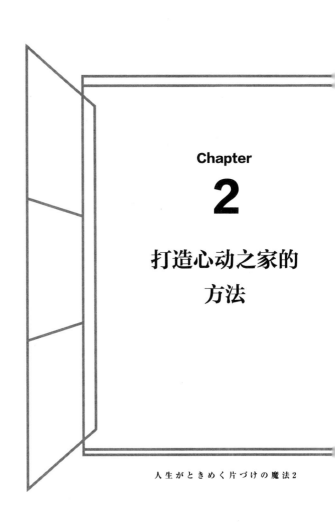

Chapter

# 2

# 打造心动之家的
# 方法

人生がときめく片づけの魔法2

## 既然决定留下"灰色地带物品"，
## 就坦然收好吧

"把让你犹豫不决的东西丢进'三个月不用的话就丢掉它'的箱子里，如果三个月内真的没有用到，就下定决心把它丢掉。"

乍一看这个整理方法似乎挺有道理，实际操作起来也没有什么难度，但我是不赞同这个方法的。因为我曾经亲自实践过这个方法，发现它完全不适合我。

这个方法听上去挺合理，规则也简单易懂，在丢东西的时候也可以为自己找理由说："算了，都已经三个月没用它了，看来是用不上了吧。"当时的我过度热衷于整理，正感到有些内疚，觉得自己"是不是扔得太多了"，而这个方法非常符合我的情感需求，于是，我竟然足足坚持了两年半。

首先，给"心动程度位于灰色地带但仍不舍得扔的东西"一个固定位置——衣柜右下角的纸袋里。下一步，应该给每一样东西贴上三个月后"判决"的标签，但由于东西并没有那么多，所以这一步骤可以省略。之后的时间里你不必理它们，照常生活就好。

**而结论是：一旦把东西放进袋子里，就不会再使用了。**

那些本打算丢掉的东西被救了下来，按理说应该开心才是，可是不知为什么，一看到右下角的袋子，心情瞬间就变得沉重起来。本来好不容易收拾好的衣柜总算能让人心动了，结果就是这个袋子让心动感直线下降。想着把袋子移到左边会不会好一点，结果只是徒劳。本来袋子里的东西是可以不用的，但是为了不浪费，尽量让自己去用，结果就是：拆信件的时候用到旅行时买的竹制裁纸刀；明明手边有一堆用不完的心动笔记本，却找出卡通人物封面的笔记本来用，而且只用过一两回……**这段时间里，多希望"三个月早点过去"，真的到了做决定的那天，又会想："我实在是太蠢了，这些东西到底还是用不上了，抱歉。"心里的罪恶感比起三个月前增加了不止三倍。**

结果，在最后的半年时间里，我把所有的东西忘得精光，连袋子都没再碰一下。

　　那样的状态持续了两年半。有可能的话，我真想让过去的那个自己好好坐在面前，教训她说："喏，你看看你……"如果真的有什么东西是你不舍得丢的，那就不要把它另外保管，坦然地把它收好就行。

　　因为，想要知道之后的三个月里会不会用到这个东西，只要参考之前三个月的使用情况，就可以做出判断。

　　**站在物品的立场来看的话，应该会是这样的心态：你又不喜欢我，又觉得不会用到我，还让我在这里待了整整三个月。**看到这类物品的时候，就给它们判了"不让人心动"的死刑，把它们与其他物品隔离开来，再次看到的时候，嘟囔着"到底还是让人喜欢不起来啊"，这样的待遇简直与拷问无异。

　　想以"如果三个月不用，那就只好丢掉了"为由，减轻罪恶感，就把那些"灰色地带"的物品跟其他物品分隔开来，这是非常残酷的。

　　一旦这样分隔开来，那些"虽不让人心动却还要留着"的东西就有了在家里存在的理由。

　　**最终，只剩下"是扔是留"这个二者必选其一的抉择。**

　　**如果这样的话，就应该下定决心好好对待那些决定要留下的东西。**

　　再也别做留三个月犹豫期这种模棱两可的事了，既然决定要留下，就好好地接纳它，这样才不会让自己郁闷或后悔。把这些物品和其他物品放在一起，让自己经常可以看到，这样就不会遗忘了。

对于某一件物品，就算自己拿定主意，"这个夏天用不上的话就跟你说拜拜啦"，但是只要物品还在家里，就要像对待心动物品那样对待它，感谢它："多亏有你一直在这里。"如果发现这件物品的确是无法让自己心动或者是已经完成了它的使命，那就谢谢它一直以来的陪伴，然后果断地丢掉。

这件事情很重要，所以我要再强调一遍。

**一旦自己决定留下某件"灰色地带"的物品，就坦荡地把它留在身边，**与心动物品平等对待，好好地照顾、使用它。

## 把家变成美术馆那样的"心动空间"

在整理现场，我每天都要盯着各色物品，渐渐地发现了这样一件事：那些吸引人的物品，它们基本都具备三大魅力要素。

**这三大要素分别是，物品自身的美观程度（先天的魅力）、人在物品上倾注的感情多少（后天的魅力），以及这件物品有多长的历史和多高的磨损程度（经验值）。**

在美术馆悠闲地耗时间是我仅有的几个爱好之一。绘画和摄影我都喜欢，其中，最喜欢的还要数餐具和坛坛罐罐之类的生活用品。那些放置在美术馆中的物品除了本身的使用价值以外，在众多人的关切、尊重下，在诸多视线的注视下，已经脱胎换骨为一种美术品或工艺品。有时候看来看去不过是一只盛饭的碗，可我偏偏就被它散发出来的强烈魅力吸引。至于缘故，几乎可以肯定地说是这件物品曾经受到了主人的极大爱护。

在整理的现场，我也曾遇到过这种深藏着让人不可思议的魅力的物品。

那是某次课上整理食器时发生的事情。N小姐家从曾祖父一代开始就生活在同一幢房子里，是一户很有趣的人家。厨房里有一只镶着玻璃柜门的大餐具柜，固定在墙上的架子和收纳箱里也摆放着整箱整箱的餐具，那数量真的十分惊人。把所有餐具从收纳箱里理出来摊在地上后，大概有三块榻榻米的面积。然而，已经完成餐具之外的小物件整理的N小姐做起心动检查来似乎非常顺利，伴随着器皿碰撞发出的声音，她一边整理一边嘀咕着"这个盘子我喜欢""这个杯子我不中意"。

此时，我一边考虑着厨房该如何整理，一边盯着客户手边的物品。忽然，我的视线停留在一只躺在"心动空间"里的小盘子上，然后问N小姐："这个盘子对您来说很重要吧？"

N小姐似乎大吃一惊，回答说："没有啊，我甚至连家里有这个盘子都忘记了呢。设计也不是我喜欢的，但不知怎么的，就是有一种让人心动的感觉。"

的确，盘子整体是灰色的，没有任何点缀，厚墩墩的，样貌十分质朴，在"心动空间"那一堆花里胡哨的陶瓷器皿中特别惹眼。

课程结束后，有客户特意向 N 小姐的妈妈询问了那个小盘子的来历。原来，这是祖母生前十分宝贝的物件。

"听说是祖父亲手做的礼物呢！这事我一点都不知道，却有心动的感觉，连我自己都感到不可思议啊。"关于这个小盘子，又接连冒出不少故事来。

后来，再次拜访 N 小姐时，我发现小盘子已经被用作佛前装供品的器具了。就因为这个盘子，周围的整个气氛都变得温馨起来，这给我留下了深刻的印象。

**所以，要让身边充满自己喜欢的物品，向它们倾注自己的感情，就能让自己的家变成像美术馆一样让人心动的空间了。**

于是，我不由得这样想，在人的爱意和关注中留存下来的物品，自然而然就具备了一种气场和品格。

## 参考美好的照片
## 思考自己想要的生活

"首先，完成'丢弃'的工作。"

正如大家所知道的那样，这条法则是麻理惠整理法的铁律之一。如果还没有选择完物品就想着收纳的事，这样不管过了多久都没法让整理进行下去。所以，有必要在一开始就把注意力集中到"丢弃"这件事上。

已经实践过集中整理的人可能有切身体会，一开始还有些犹豫，一旦扔东西扔出了惯性，丢弃这个行为本身就会给人带来一种快感。不过，这其实是一种需要引起注意的危险信号。虽说可以扔出快感，但坚决不能变成"扔东西机器"。

因为，**光靠一个劲地扔东西是没法让人生闪闪发亮的。**

所以，整理的目的不是扔东西，而是把心动物品保留下来。如果生活在一个完全没有心动物品、空荡荡的房间里的话，我觉得是无法开心的。生活在心动物品之中，这才是整理的最终目标吧。

因此，在集中整理之初，"思考自己的理想生活"是非常重要的。

**在这里，我有一个小要求，那就是不要给自己的理想生活设限。**

"家具和寝具要全白的，想走少女式的生活路线。"

"我要在墙上挂上画，走华丽风。"

"打算买很多观赏植物放在家里，这样感觉就像生活在森林中一样。"

所谓的理想，并不是像目标那样带有义务性；正因为是理想，所以无须多虑，不管怎样幻想都是可以的。

话虽如此，应该也有不少人会说："理想的生活是什么样的我从来都没想过。"对于这部分人，我的建议是寻找一张"理想的照片"。当然，在自己脑中做一番想象也是可以的，但**如果手头有一张照片，让你"想要在这样的房间里生活"，你整理的热情和动力就会发生戏剧性的转变。**

不过，需注意的是，要迅速有效地找到这么一张理想的照片。要是一直抱有"等遇到合适的照片再说吧"这样的想法，那么很有可能一辈子都不会遇到那张照片。

**诀窍是，把大量的室内设计杂志放在一起，在各种各样的照片中进行比较挑选。**"昨天看了那本杂志，今天看看这本吧。"如果按照这样的节奏挑选，有趣是有趣，但每天的心情都在变，就很难弄明白自己到底喜欢怎样的家居风格。而且，刊载在杂志上的房间自然都是很棒的，所以每一张照片看起来也很棒。于是就会出现头一天还想着"日本人到底还是比较适合和式房间啊"，第二天又觉得"海岛度假风似乎也不错啊"的情况。

把各种各样的装修类型放在一起比较，会很容易发现自己最在意的地方在哪里，比如，"似乎对全白的房间比较有好感"，或是"个人爱好倒不是很重要，只要室内有足够多的观赏植物就行"，等等。

那么，就去图书馆或书店收集一些室内装潢的杂志，从头到尾看上一遍吧。建议大家从里面找到自己理想的房间的图片，将其剪下来贴在笔记本上，或是压在桌面上，让自己可以随时看到理想的生活环境。

## 善用色彩和花朵，
## 让房间朝气蓬勃

　　"按照心动标准整理房间后，房间一下子变得整洁了，但总感觉好像还没有整理完。"

　　**被这种感觉困扰的人还不少，我一看照片，发现首先就有一个通病，那就是，他们的房间里缺少色彩。**

　　经过了减少物品数量的阶段后，就进入了添加心动元素的阶段。通常，只要把手头现有的物品活用起来就行，但如果在选择心动物品上经验不足，就有必要重新买一些了。对那些缺少心动感的人来说，他们的生活所缺少的主要就是色彩。

　　理想的情况是，把窗帘或床单的颜色换成自己喜欢的，或者是在墙上挂上自己中意的画作。然而，很多时候，这些事情不可能一下子就实现。

**那么，有什么更加方便的办法吗？我推荐的办法是，用花朵来点缀房间。**

对插花不是那么擅长的人，当然也可以选择绿色观赏植物。

我是从高中时代开始在房间里摆设鲜花的。当然，一开始的时候也只是五六块钱一束的非洲菊而已……

要说我为什么这么注重色彩，这个问题我以前也思考过。当时，我觉得这一定和儿时记忆中的餐桌有关。妈妈准备的饭菜总是品种多样，色彩丰富，比如牛蒡炖鸡、蘑菇炒肉、茄子味噌汤、醋渍冷豇豆等。菜色充足的时候，妈妈会从整体上把握色彩的平衡。她会说："哎呀，今天都是褐色的菜，颜色不漂亮。"然后切上几片番茄加以点缀。

这多么奇妙啊，只需一个点缀，整桌的食物都变得明媚起来，吃饭也变成了一件让人愉悦的事情。

**房间的整理也是一样的道理。只需在冷清的房间里放上一朵花，整个气氛就会变得热闹起来，房间显得朝气蓬勃。**

以前参加电视节目时，我去一位艺人家里给她上过整理课。

那位女艺人的家是跨层公寓，楼上是工作间，楼下是卧室。工作间内，文件都收在纸箱里，纸箱堆放在地上，相对来说还算是整洁、实用。稍微检查了一下工作间后，下楼梯来到她的卧室，我顿时被眼前的景象吓呆了。

一开门，首先跳进视野的是靠墙的书架上摆放着的六台老虎机。动画主题的窗口幽幽地发着光，滚轮部分自顾自地转动着，不时发出丁零零的独特机械声。收集飞镖板和麻将桌的人的确是有，但我还是第一次看到有人把启动状态的老虎机放在家里。而且，壁橱里还静静地躺着两台休眠的老虎机。

"老虎机是我最大的爱好！"

看着那个满面笑容的女艺人自信满满地向我介绍她的宝贝，我不禁想：**对她来说，老虎机就是比花更能让她心情愉悦的东西。**

整理完毕后，老虎机在卧室里正大光明地闪着光。这对那个女艺人来说，简直就是一个充满心动物品的天堂。

**我觉得，与其住在没有心动物品的光秃秃的房间里，不如把自己喜欢的东西堂堂正正地摆放出来，这样的房间才是最理想的居住环境。**

事实上，上过我的整理课的客户绝大部分也都是如此。刚整理完的房间是清爽整洁的，一年后，主人的"心动物品"就会被摆放在显眼的位置，窗帘和寝具也换成了可爱的颜色，主人渐渐身处被心动物品围绕的环境之中。

如果你觉得只要扔东西就是在做整理，那就大错特错了。

真正的整理，要把心动物品好好地留下来，并且大大方方地摆出来，然后，每一天都过得怦然心动。这才是整理的真正目的，请大家一定要记住。

## 让"心动却无用的物品"
## 重新拥有存在的价值

　　"确实不知道这玩意儿到底有没有用，可是能看到它就觉得很满足了。只要它在我眼前就好！"

　　总会有一些客户在某个时候在我面前不停地辩解，这时，摆在面前的往往是一些零碎布头、坏掉的胸针、老旧的手机链等用途不明的小物件。

　　**不用说，对于让自己心动的物品，不管别人怎么说，都应该大大方方地留下来，这才是正确的做法。**把物品小心翼翼地收在箱子里，偶尔拿出来看一眼，这当然是挺有趣味的一种做法。不过，我想大家都还是希望能让自己的心动物品最大限度地得到利用吧。

　　**在别人看来毫无用处、只有自己明白其重要性的心动**

**物品，就应该当作装饰好好地展示。**

这些小物件大致可以分为四类：模型或是玩偶之类的可以直接用来装饰的物品（**摆放类**），钥匙圈或手机链之类的需要挂起来的装饰品（**悬挂类**），明信片或包装纸之类的可以用于张贴的物品（**张贴类**），以及碎布头或手巾之类的可以自由变形的包装物品（**包装类**）。

首先，从"摆放类"开始。顾名思义，这类物品只需摆放就能达到装饰效果。除了装饰品等本来就用于摆设的物品外，其他的小物件也可以实现同样的效果。

琐碎的物品大量摆放在架子上会让人有杂乱的感觉，这时，可以用小盘子、托盘或是篮子把东西集中装在一起，起到装饰效果。这样一来，既不会给人杂乱的感觉，也便于打扫。当然，如果喜欢自然的状态，或者家里有一个专门的装饰架，那就可以选择随意摆放。

除了把物件装饰在可以看到的地方之外，我建议大家可以在收纳上做一下点缀。

例如，有位客户在她收纳文胸的抽屉里放上了一大朵胸花，然后胸花的正中央插着一枚镶满莱茵石的青蛙胸针，营造出一种偶然从缝隙中窥见的装饰效果。

"拉开抽屉的那一刻，跟青蛙四目相对，真是说不出地开心。"我至今都还清楚地记得客户说出这句话时脸上的笑容。

第二种是需要挂起来的"悬挂类"。老旧的手机链、没法挂上钥匙的钥匙圈、已经扎不了头发的发圈等，这些小物件挂在衣架颈部再方便不过了。

用于礼物包装的半长不短的蝴蝶结、戴烦了的项链等，凡是长条的物件都可以这样活用。

悬挂的地方除了衣架颈部以外，还可以是墙上挂钩的基座、窗帘杆的一端等，只要是"可以挂的地方"都可以利用起来。如果有多余的部分露出来影响美观，可以剪掉或打个结，做一下调整。

如果遇到"悬挂类的东西实在太多，完全挂不过来"的情况，不妨试试把这些东西联结起来，组成一整个装饰品。

有一位客户就把自己收集的印有某明星头像的挂饰穿成了一个小门帘。由于都是由同一张脸连缀而成，随风飘动的时候未免有些诡异，但对客户本人来说，这个心动点简直就是她"通往天堂的入口"。

第三种是"张贴类"。把没用完的明信片贴在收纳箱里，这是麻理惠整理法的基本招式。**壁橱的里面、衣柜门上、柜子的背面、抽屉的底部……收纳空间的任一角落都有可能给你带来怦然心动的感觉。**

　　不管是布片也好，纸片也好，只要是让你心动的，就把它贴起来试试。

　　使用透明收纳柜的时候，如果直接看到里面乱七八糟的东西，是挺糟糕的一件事。其实，只需在拉手部分插上自己喜欢的明信片做装饰，就能创造出这世上独一无二的"心动收纳柜"。

　　西装套都是清一色的灰色无纺布质地，如果在上面缝上自己喜欢的花纹布料，就能让衣柜变得充满生机（如果觉得缝起来太麻烦，也可以用大头针别上去）。

　　除了明信片、包装纸、碎布头和手巾这些可以直接用来张贴的东西以外，还可以把中意的纸袋剪开，截取其上的图案，或是把旧日历上的图剪下来。其实身边有很多这样可以用来张贴的心动物件，所以请注意不要错过，好好加以利用。

　　最近，客户群中很流行一样东西，那就是把理想的家、喜欢的艺人、想去的地方等的照片收集起来，然后贴在一个小板子上。这是"张贴类"心动装饰的集大成者。如果你有兴趣的话，请一定了解一下，并亲自试试看。

　　最后一种是"包装类"。手头多余的碎布头、手巾、购物袋，以及花纹漂亮款式却过时到没法再穿出门的半身裙等，只要是布料类的东西，都有可能被改造利用。

你可以把它们做成电线套，像包便当一样收起过长的电线；或者把它们做成防尘套，包在风扇这样的季节电器用品上。

收纳非当季的被子时，把空气都挤压出来，把被子一点一点卷成一小团放进购物袋里就好。这么做，不需要被子压缩袋也能缩小被子的体积了。

喜欢做针线的人可能会把布的接缝拆开重新锁边，这样做的确很完美，但如果是花纹让人心动的布，只要粗略地包裹一下就能营造出非凡的效果。

**经过这样一番改造后，身处房间时，你就会感到四周随处都是让自己心动的物品。**拉开抽屉也好，拉开壁橱门也好，就连门扇的背面和书架的角落都散发着让人心动的气息，这简直像做梦一般……但是，你马上就可以梦想成真。

**你也可以让那些虽令你心动但并不是必需品的小物件尽可能地露露脸。**因为，当初你会把它们买回家，肯定是有一定的理由的。

**不管是哪样东西，都希望自己能对主人有用，我始终是这样认为的。**

对了，我建议大家在集中整理的时候，一旦发现"用不上的心动物品"，就把它们拎出来归为"装饰物"一类，等整理完毕，再集中把它们——用起来。虽然也可以在看到这类东西时随手就装饰起来，但是这样做有一个缺点：一旦不知道该怎么摆设，就会犹豫不决，进而扰乱整理的进度。

集中装饰还有一个好处：集中整理结束后，整个房间变得一尘不染，心动感会上升至最高点，装饰居家空间的灵感也会不停地冒出来。

## 打造"专属空间",
## 让它成为自己的神秘能量源

　　曾经有一个客户给只有四块榻榻米大小的杂物间做了个大改造,打造出了一个专属于自己的房间。闲置的单人沙发、锯断旧书架改造成的矮架、用花色中意的布贴成的墙纸、水晶装饰的枝形吊灯等,都是手工打造的。花费了三个月时间精心改造出来的房间简直就像一个隐蔽的世外桃源,他们家的小外孙来玩的时候常常是整天待在里面不肯出来。

　　"在这里看书、听音乐真是太幸福了。"

　　大家都在自己家里打造一个这样的自己做主、放满心动物品的专属"心动空间"吧。如果没有专门的房间可用,那就在壁橱的一角放上自己喜欢的艺人的照片或是赏心悦目的卡片做装饰，效果是一样的。

如果你有一张专属的书桌，不妨在书桌上打造一个专属"心动空间"。如果你是以厨房为主要战场的家庭主妇，就可以充分利用厨房的一角。有客户收集了孩子的照片、手印，母亲节时收到的小卡片之类的东西，集中贴在厚纸板上，摆放在厨房一角，打造出一个专属"心动空间"，并感到特别满足。她们异口同声地说："做饭的时候感觉比以前更幸福了！"

**总之，地点的选择并不受限，即使是狭小的空间也可以。一个自己做主的"专属空间"所能发挥的作用是不可估量的。**

例如，在寒冷的冬天，只要来上一杯热咖啡，就能感到无比安慰和满足，是这样吧？同样，专属"心动空间"只需拥有一个，就能让你感到难以言说的幸福。**换句话说，"专属空间"能够起到类似能量源的效果。**

有一个客户特别喜欢蘑菇造型的东西，她不仅买了印有蘑菇照片的明信片，还收藏了扭蛋得来的蘑菇模型、挂着小蘑菇的钥匙圈、印着蘑菇形象的手机链、蘑菇头造型的挖耳勺、蘑菇形状的橡皮……

"蘑菇的造型太可爱了，圆圆的，小小的。还有那默默无闻的存在感，静静地生长在树荫里，简直就像日本传统女性一样温柔婉约。"

　　那个客户滔滔不绝地介绍蘑菇的魅力，一脸陶醉痴迷的表情。听到这样的倾诉我很开心，只是有一个地方让人遗憾——这些可爱的蘑菇统统被密封起来了。

　　明信片被收进相片袋里，扭蛋模型和手机链都原封不动地躺在购买时的包装里。它们都被草率地关在装什锦饼干的铝制箱子里。

　　我打听了一下开箱看"蘑菇"的频率，客户的回答是："差不多每个月一次。"每个月一次，也就是说一年十二次。假设每次查看"蘑菇"的时间是两小时，那么一年之中就只有二十四小时是分配给这些"蘑菇"的。

　　那些贩售蘑菇造型商品的人当然不会知道，这样下去的话，当初这些被视若珍宝的"蘑菇"很快就要发霉了。

　　**这正是"专属空间"该发挥作用的时候。把能用来装饰的物品都充分发动起来吧。只有最大限度地利用心动物品，才能使整理变成一桩乐事。**

　　首先，把大量印有蘑菇照片的明信片插到收纳柜的抽屉里；在壁橱中的客用棉被上盖上蘑菇图案的布，既可以用来区分，又能挡灰；蘑菇钥匙圈和手机链则挂在衣架颈部；至于那些水灵灵的扭蛋模型，则集中放进小筐，放在隔板上做展示。这样一来，利用壁橱空间打造的专属"心动空间"就诞生了。

结束一天的工作，拖着疲惫的身体回到家里后，面对的将是世界上最让你心动的能量源，请试想一下这样的感觉吧。

此刻，你是不是很想说"我也想让家里有一个能量源"？

没问题，这个很简单，每个人都能实现。

明明已经把家里能扔的都扔了，可待在房间里还是没有心动感觉的朋友，请一定尝试一下挑选心动物品打造"专属空间"这个办法。我相信，这样一来，你待在家里时一定会变得特别开心。

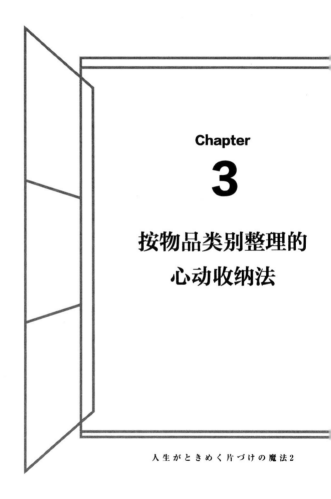

Chapter

# 3

# 按物品类别整理的
# 心动收纳法

人生がときめく片づけの魔法2

## 整理过程中，物品可放暂存区，
## 最后再决定收纳场所

本应顺畅的整理过程，突然就被一种不安的感觉击中。

房间里的东西的确在数量上有所减少，但是具体的收纳场所却没法确定，也不知是不是心理作用，甚至还感觉房间里的东西比以前更加散乱了。

很多人都会产生这种感觉，这其实并不是心理作用。尤其是在衣物和书本的整理结束后，在对小物件进行心动整理的时候，最容易产生这种感觉。

是不是应该把东西收起来一些？这种不安一直困扰着大家。

**我要开门见山地说，这个完全不必担心，集中整理的过程中，房间一团乱是很正常的事情。**

尤其是在整理小物件时，因为这些东西种类繁多，整理它们时，房间一下子就会变得凌乱不堪。**一旦挑选完心动物品，就很想马上把它们收纳起来。其实，这才是落入了陷阱。**

我就有一段时间犯过糊涂。那时，我要求客户们分类挑选出心动物品之后，马上决定这些东西的收纳场所，例如，文具用品挑选完毕后都放进这个抽屉，工具类物品挑选结束后都放在那间储藏室里。像这样——决定物品的收纳场所后，房间瞬间变得整洁起来。最重要的是，这样的果断看起来十分专业。没错，就是这样一种虚荣心轻而易举把我打败了。

可事实上，小物件种类因人而异，简直可以说是天差地远，而且往往种类繁多。只有把所有小物件都挑选出来，才能对情况有一个完整而准确的把握。

"对我来说，这把小刀与其说是'文具'，不如说是'雕刻爱用品'。"有时候会存在客户的独特分类。

"我觉得这个怀炉可以放到刚才的那个药类里面去。"也有这样改变主意的。

于是，原本已经整理完毕的抽屉又满了，狠下心把收好的东西又都拿出来。这样的重复劳作让人变得焦虑起来，大脑简直一片空白了。

结果，我只能说："不好意思，能把已经收好的东西再拿出来查看一遍吗？"然后让客户返一遍工，把所有东西拿出来重新分类，给客户添了不少麻烦。

**多次失策后，我得出的结论是：收纳的场所到最后再决定。**

在所有的物品挑选完毕之前，没人知道自己到底拥有多少东西，也没人知道所有这些东西应该分成几类。

所以，在挑选心动物品时，不要试图同时决定这些东西的收纳场所。只要注意把同类物品临时堆放在一个地方，把此处当成该类物品的暂存地，然后继续心动挑选即可。

具体的做法是，把挑选出来的心动物品按照"文具""药类"等分类区分，分别放进空箱子里。

**这里的关键点就是一定要放进"箱子"里，不能把东西放进纸袋或塑料袋里，因为，放进袋子里不容易看出剩下物品的量到底有多少。**虽说只是在整理过程中暂时存放，但预先估计收纳完成后的规模也是十分重要的。

在挑选过程中，如果遇到"这个指甲钳还是放到那个分类里比较合适吧"这样的情况，那么在发现后更换分类也是可以的。

在所有小物件的心动检查结束后，再按照已完成的分类进行收纳即可。

当然，如果东西多得一天之内挑选不完，为了不影响正常生活，把东西暂时收进箱子里放起来也没有问题。这时，应该抱着轻松的心态提醒自己：反正只是暂时的，先这样放着吧。

另外，**还有一个常识性问题，就是整理过程中就算收纳箱之类的收纳用品被清空了，也不要把它们丢弃，而是放在一边备用。**可以把这些东西归为"空收纳箱类"，集中放在一个地方，等到最后清算收纳用品时使用。

不过，如果丢掉的东西太多，一些收纳箱肯定不会再使用的话，就请立即把它们扔进垃圾桶吧。

## 区分材质是做好收纳工作的关键

直截了当地说，我的收纳方法其实挺随意的。即便如此，我还是可以收纳得十分整洁，这其实是拜"材质"所赐。我在决定收纳场所时，都会考虑物品的材质。

也就是说，对物品的质地进行判断，是布质的还是纸质的，又或者是泥土烧制而成的，然后把质地相近的物品集中收纳到一起。

**主要有三大类质地，分别是"布制品""纸制品"和"与电相关的物品"**。这里面，有质地容易判断的东西，也有以不同质地、各种形式存在于家中的物品。

"布制品"的代表是衣服，相近的物品有手帕、布袋子、围裙、床单等。

"纸制品"的代表是纸张，与其相近的有书、笔记本、便笺、明信片以及信封等。

然后，说到"与电相关的物品"，主要就是电子产品、电线以及存储卡之类的东西。

此外，化妆水、乳液是"水制品"，食用类物品就是"食物"，食用器具的话大致可以分为"陶瓷器皿""玻璃器皿"等。

当然，不是所有东西都可以简单地按照材质进行分类。就算是同一类别的物品也有可能是由不同材质构成的，所以单单依靠质地来区分是无法完成收纳的。**"区分材质"是考虑收纳问题时最重要的一个环节。**

以材质区分物品进行收纳，不仅能让整理后的环境看上去整洁，还能使收纳的过程变得简单。

为什么收纳时要考虑物品材质呢？这是我在试过各种各样的收纳法之后得出的实验结果，用这种收纳法完成的整理透出的那种舒畅感是与众不同的。

**材质不同，物品散发出来的气息也是不同的。**像纸或布这样的材质由植物而来，从未停止过呼吸，一直都在散发温热的气息；塑料是石油提炼出来的，总是像油一样给人一种胸闷的感觉；至于电视机或电线之类的物品，则带有电器特有的味道。

把散发出同样气息的东西放在一起，会让收纳完成后的空间异常清爽，也许是同类物品的气息一致的缘故。这是客户们根据材质区分物品进行收纳后得出的实际感受。

另外，比较一下以木质壁橱为主的收纳房间与以钢铁材质家具为主的房间，再比较一下书本占多数的房间与电器占多数的房间，除去灰尘和空气流通的影响，它们散发出来的气息是截然不同的。

也就是说，物品散发出来的气息是由物品的材质决定的。

**所以，根据材质来收纳物品是一项十分重要的技能。**

说起来，我小时候吃完拉面之后，最喜欢用筷子把面汤上的油粘在一起。根据质地进行收纳后的舒畅感与把面汤的汤和油分离开来的那种舒畅感十分相似。

## 把抽屉收纳做得像便当盒一样精美

"虽然东西变少了，可总觉得还是'不够完美'，是不是应该再丢掉一点呢？"

当我第三次登门上课时，学员K小姐提出了这样的疑问。其实，她的整理已经取得了很大的进步，但她还是觉得"不够完美"。

随着整理的进行，人们会在某个瞬间突然在意起自己拥有的心动物品的数量。**我把这个叫作"适量点"，指的是经过挑选只留下心动物品后，能够说服自己"啊，我只要拥有这些东西就满足了啊"的瞬间。**

最近，也有不少一边看着我的书一边进行整理实践的人这样跟我说："我的适量点终于来了！"

像K小姐这样的情况，往往打开收纳家具一看就能明白个中原因了。拉开衣橱的抽屉一看，叠得整整齐齐的衣服旁边却留着大约五件衣服的空隙。拉开另一个抽屉，也是有几乎一半的空间没有利用起来。没错，所有的收纳空间都留有空余。

"因为一下子丢掉了很多东西，所以留了点空间出来摆放以后购置的新物品。"客户这样解释。她的心情我能够理解，但其实，这里面藏着一个不小的陷阱。

**收纳的基本原则就是"九分收纳"。也就是说，一旦挑选出自己的心动物品，就应该把抽屉等基本装满，不要留大块的空白，也不要满溢出来，这才是正确的做法。**

想把缝隙尽可能地填满，这是人的一种天性。如果以"七分收纳"或是"宽裕收纳"为标准，你不仅无法找到"适量点"，不心动物品还会在不知不觉间不断增加，你会觉得"到底还是要再买一个收纳箱才能满足需要啊"，很容易就回到最初的状态。

这种时候，只要把"宽裕收纳"改成"刚刚好"的紧凑格局，就能达到意想不到的效果——适量点瞬间出现。

K小姐的情况，可以这样解决：将抽屉中的衣服压缩紧凑，在空余的地方放上文具或穿珠工具。这样一来，外面的两层收纳箱就没有必要了，衣柜中主要的收纳空间就足够把所有的东西都放进去了。

　　**我希望大家在整理收纳的时候能够想到一样东西，那就是便当。**四方形的便当盒里，五花八门的小菜被分成一格格地装着，这就是日本人引以为傲的食文化。不论是每年举办的站台便当大赛，还是不断开发出来的便当食谱，像这样在一人份的盒饭上如此用心的国家，除了日本，估计全世界再难找到第二个了。

　　**小小的一盒便当里蕴含着日本人独有的收纳美学，这样说一点都不为过。**

　　便当的关键词有三个：按口味划分、赏心悦目、严丝合缝。如果把这个"按口味划分"换成"按材质划分"，那么，抽屉的收纳整理和便当的装盒几乎完全就是一个道理。

　　**抽屉整理还存在着一个容易失败的倾向，那就是过度划分。**

　　棉质衣物和羊毛质地的衣服分开来存放在抽屉中，这没有什么问题，但如果特意用不同的隔间或箱子来装，那就没有必要了。

　　在收纳棉质物品时，希望大家能注意的是"合适的距离"。棉质物品本来就是从植物而来，比其他材质更加接近生物，所以要使它们保持既能够呼吸又不会因为离得太远而失去温度的距离。想象着它们手拉手、脸贴脸地躺在收纳箱里，一种安心感就会油然而生。

**把袜子和内裤卷成一团放在专用的分格内衣收纳盒里是十分危险的做法。**

如果有足够的收纳空间，这样做似乎没有什么问题，但如果因此多出不少闲置的空间，那就使收纳空间的利用率大打折扣了。一旦布制品收纳得不够紧凑，空气就会无孔不入，使得布料变得冰冷生硬起来。

当然，如果塞得满满当当的，拿取衣物就会变得很不方便，衣物也会失去呼吸的空间，所以要多加注意。

不过，如果是又薄又滑的聚酯纤维等化学纤维质地的衣服，就算折叠整齐了也会很快垮下来，所以应该放在小格子里，与其他衣物分隔开来。

另外，像皮带这样非棉布质地的小物件，也是分隔收纳比较方便。

**总之，只要能做到对什么东西放在什么地方一眼即知的程度就够了。把拿取物品的难易度放在次位考虑，这就是成功收纳的诀窍。**

## 收纳四原则：
## 折叠、直立、集中、四方形摆放

　　要说在集中整理中最能让人感受到"集中性"的事情，就要数把东西一股脑儿集中在某一个地方了。

　　首先从衣服类开始介绍。把衣服统统堆在房间的正中央，然后一件一件地拿在手里做心动检查。"终于渐渐明白了心动物品的标准！"这样一来，客户的热情也会变得分外高涨。就在即将进入收纳阶段时——

　　"啊，接孩子的时间到了！"

　　尽管房间还处于整理到一半的状态，却不得不因客户的这句话而中止整理。

　　没办法，我只好对客户说："那就请你有空的时候自行整理到下一次上课的进度吧。"

离开前，我告诉客户**"收纳四原则"，也就是"折叠、直立、集中、四方形摆放"**。这四项收纳原则不仅适用于衣物，还适用于其他所有物品。

把所有能折叠的物品都折叠起来。衣物自然不必说了，围巾、手套、零钱包等布类小物件，以及塑料袋、洗衣袋等手感柔软的物品也都应优先考虑折叠起来。**蓬松柔软就等于包含着空气，所以通过折叠可以把多余的空气排挤出来**。物品的体积缩小，就能得到更多的收纳空间。

**接着，把所有能直立的东西都直立起来**。把折叠好的衣服直立着放进抽屉里，这是基本的常识。另外，文具、药类、小包纸巾等可以自行站立的物品，则可以毫不犹豫地把它们立着存放。直立摆放可以最大限度地利用收纳的垂直空间，同时还有助于一眼掌握物品的总量，可谓一举两得。

所谓的集中，就是**把同类物品集中摆放在一个地方**。如果是一大家子人，那就按"先按人分，再按物品种类分，最后按物品材质分"的顺序进行选择分类。按照这样的顺序把各种物品集中摆放后，收纳工作瞬间就变得简单了。

最后是**四方形摆放**。其实，我们的房间基本都是四方形的，所以收纳物或收纳的场所也是选择四方形的最合适。利用空箱子来做收纳空间的时候，优先选择方形的箱子而不是圆筒形的容器。

"光顾着挑选东西，哪里还记得收纳四原则啊。"

如果是这种情况，那么不妨从前面两项原则做起。

总之，一边收纳一边念咒语："能叠的都叠起来，能立的都立起来。"一旦你这么做了，物品占的空间就会瞬间缩小，抽屉里的剩余空间也就会变得富足。听我的，准没错。

## 折叠奇装异服时不要怕，
## 多试几次就好啦

E 小姐已经完成了衣物的心动选择步骤。在基础的折衣物课程结束后，紧接着就是实际操作的环节。一般情况下，每个客户都是自己折完所有衣服，但碰上量特别大的时候，我也会搭一把手。在逼仄的房间一角，堆积着装弃用衣物的垃圾袋和经过挑选留下来的衣物。我和 E 小姐两个人默默地折着衣服，过了足足有十分钟。连帽大衣折起来，胸前缀有大蝴蝶结、带褶皱的 T 恤折起来，袖口缀有荷叶边的紧身衣折起来，蝙蝠袖针织衫折起来，有异形裙摆的半身裙折起来……

"咦？"

忽然，我发现了一件事：E 小姐的衣服里面，奇装异服的数量特别多。

我继续折手边的衣服，并偷偷扫了一眼 E 小姐。只见她把普通的 T 恤徒手折起来，四方形的抹胸也徒手折起来，却把很难折叠的无扣不对称针织上衣顺手放在我这边的一堆衣服上。

"等等……E 小姐！"

没错，所有的奇装异服都是我折起来的。

"不好意思啊，都让您来折……不过说实在的，这种衣服我自己完全不会折啊。"

的确，最近女士服装的衣袖和裙裾越变越复杂，奇装异服的数量大大超过以往。

尤其是衣身特别宽大的开襟毛衣，折叠的时候该从何处下手呢？像裙带菜一般的下摆老是会从前面滑出来，是吧？

**下面，我就告诉大家折叠奇装异服的奥义，那就是"不要怕"。**

从根本上来讲，衣服就是由四方形的布料裁剪而成的。不管是什么款式的衣服，都可以折叠成四方形。

碰到形状特殊的衣服时，首先要深吸一口气，冷静一下，然后，把衣服平摊在地板之类的开阔平面上。

这样一来，衣服的结构就一目了然了——是由什么形状的布料做成的，为了穿着时的垂坠感在哪一部位加强了用料。然后你会发现，其实绝大多数的奇装异服都没有什么稀奇的。

一旦明白了衣物的结构，接下来就可以按照正常步骤来做了。只要记住把袖子的部位折向衣身，以衣身为中心折叠成一个长方形就行。如果袖子过分宽大，那就把多出来的部分多折几次，进行调整。

把衣服折叠成以衣身为中心的直立长方形后，接下来就只需做两个步骤：对折（留一点空余），继续在二分之一至三分之一的位置对折。这样就大功告成了。

**折衣服的诀窍跟折纸一样，只要切实做好每个步骤，就能折得挺括有型。**每折一次，就用整个手掌把一边的衣服抚平，然后再折向另一边。虽然不需要真的像折纸那样用指尖把折痕捋平，但每一次折叠都要干脆利索，这样在直立收纳时，衣服才不会立刻倒下去。

每次都要这么用心地折叠好麻烦，似乎不能长期坚持啊……这样的担心完全是多余的。重要的是，只要能有一次认认真真地把所有衣物都按正确的方法折叠好，收起来。

**衣服好像是会记忆形状的，你只需有一次按照正确的方法把它们折叠起来，以后的每一次折叠都会变得轻松。**

然后，在养成折叠习惯的一个月后就可以摆脱地板，直接把衣服放在膝盖上或是悬空折叠。

**折叠手法的关键在于手掌的使用。**如果你一直以来都是靠手指草草了事，我建议你赶紧试试用手掌来折叠衣服。**人的手掌会散发出特有的温暖力量。**接受这种热度的抚慰后，衣物的纤维会变得松软，布料会变得挺括，真的变得像纸一样。这样一来，就能用折纸的感觉来折叠衣服了。

仔细想想，折纸也是日本传统文化的一项重要内容。在日本人看来再平常不过的"纸鹤"，竟然能让欧美人惊叹不已，这样的事情也不是没有听到过。

灵活运用手掌，像折纸一样把衣服叠成小于常规的尺寸，衣服就能做到自行站立，然后被放进收纳箱。

我这个人有折叠癖，只要拿在手上，不管什么东西都想把它叠起来。由于天气热而脱下的打底背心，我瞬间就能叠成四方形。超市或便利店的塑料袋，我一旦看到就会条件反射般地把它们叠得四四方方的。

对了，小孩子的衣服如果也按照大人衣服的折叠方法来对待，折得过小的话，反而会散开来，所以只要把四个角叠得整齐，就可以适当地减少对折的次数，折到最适合的大小。

## 图解麻理惠式"心动折衣法"

如果能够折叠出"以衣身为中心的直立长方形",那么你的叠衣法已经成功了百分之九十。不管是什么形状的衣物,都从这个目标开始入手吧。

每次折衣服时,我都会想到雕刻佛像的师傅。他们一般是先静静地观察原木,然后在心中描绘出佛像的样子,最后开始动手雕刻出想象中的形象。虽然这跟折衣服完全是两码事,但给人的感觉十分相似。仔细地观察平摊在眼前的衣服,想象出以衣身为中心的四方形,然后按照预计的形状把周围多余的部分折叠起来就可以了。

·**基本的折叠方法**

①把衣身的两侧折进来,形成一个竖长的长方形。

②对折。

③继续在二分之一至三分之一的位置对折。

基本的折叠方法

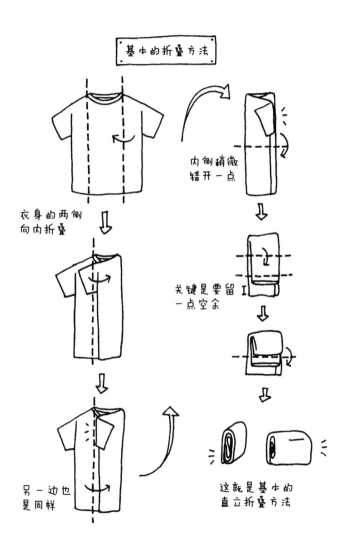

衣身的两侧
向内折叠

内侧稍微
错开一点

关键是要留
一点空余

另一边也
是同样

这就是基本的
直立折叠方法

对折的步骤，是为了让折出来的长方形不至于太细长。折叠时应该拿住较轻薄柔软的部分，比如，上衣的话就抓住领子周围的部分，下装的话就抓住裤脚的位置。往内折的时候，衣服侧边不要对齐，要稍微错开一些。

这些都是把折叠做好的关键点，因此，手拿的位置和侧边错开的程度都要做相应的调整。接着就只需要做高度的调整。普通衣物的话，按照长度的二分之一至三分之一折叠就好。如果是长条状的物件，再折上四五次也是没有问题的。

**折叠还有许多诀窍，不过总的来说，重点就是保证成品是一个"整齐的长方形"。**

因为在收纳时需要把衣服立起来并排摆放，所以我推荐大家做一下"衣物的站立程度检查"，也就是把折叠好的衣物用两手夹着，然后垂直立在地板上。如果松手后衣服没有倒下来而是能够继续站立，那就是合格品。这样的衣服摆在抽屉里的时候，就算你再来来回回地拿进拿出别的衣物，它也不会垮下来。

如果叠好的衣服一失去依靠就站不住，立刻垮下来的话，那就需要调整。有可能是长方形的长宽不合适，也有可能是步骤②和③没做好，导致过高或过厚。根据衣物的实际尺寸，也可以跳过步骤②，在第二步就直接按照三分之一的位置来折叠。通过不断尝试，一定能找到适合这件衣物的最佳折叠方法（这就是传说中的"折衣黄金点"）。

　　以上就是基本的折衣方法，但是也有例外的情况。那就是只需步骤①就能完成折叠。

　　说起来，为什么要以衣身为中心将衣服折叠成长方形呢？为的是防止衣身的正中央出现折痕。如果在这个位置出现折痕，就会特别醒目，让人有一种"皱巴巴"的感觉。

　　反过来说，如果是正中央出现折痕也不要紧的衣服，那就可以光明正大地对折。也就是说，本来就带有褶皱的衣服或是紧身衣这种本身就有缝合线的衣服，完全不怕折痕的存在。还有那些就算有折痕也无关紧要的运动服，也可以用直接对折的折叠方法。

　　不过，也有按正确的方法折叠后仍旧无法直立的衣服。质地过于轻薄（聚酯纤维之类的材质）或是过于蓬松（羊毛、羊绒等）的衣物本身很不挺括，就不要勉强了，只要把它们折叠整齐存放起来就好。

### ·长袖衣物的折叠方法

　　如果衣身两侧折叠的宽度合适，那么把长袖折进去之后，就能折成理想的以衣身为中心的长方形。

　　这里面的诀窍在于，袖子要对准另一侧的折线，然后

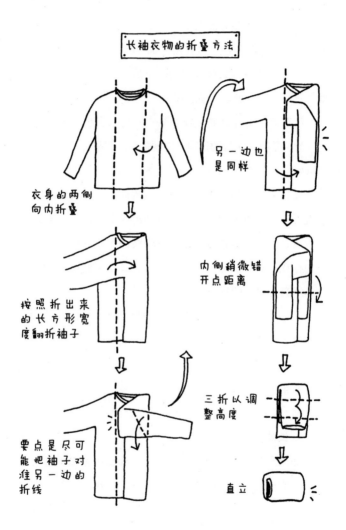

长袖衣物的折叠方法

衣身的两侧
向内折叠

另一边也
是同样

按照折出来
的长方形宽
度翻折袖子

内侧稍微错
开点距离

要点是尽可
能把袖子对
准另一边的
折线

三折以调
整高度

直立

把袖子向下折（沿着外侧向下）。这样做是为了尽可能地避免袖子重叠过多次，导致最后折起来的衣服过于厚实。

以前，我一直说"袖子的折叠方法是随意的"，在课上我也是这么说的，并且很长一段时间以来都以为这个折叠方法很普通，没有必要做特别的说明。

直到有一天，某家杂志给我做专访，我向记者展示了长袖衣物的折叠方法后，对方惊呼"真是独特的折叠方法呢"时，我才突然意识到这一点。这样啊，原来普通的叠法就是把袖子来回折叠个两三次啊。

这个差异其实挺微妙的，用手触摸折叠好的衣服就会发现，用我介绍的方法折叠的衣服摸起来不会皱巴巴的，而且折好后也更为挺括，不容易散开。请大家一定亲自试试看。

### ·裤子的折叠方法

先把裤子左右对折，使两条裤腿重合。

然后再纵向对折（稍微错开一点位置，不用完全对齐），接着三折。

这是最基本的叠裤子的方法，折的次数视裤子的长短而定。如果是短裤，则只需左右对折再上下对折两个步骤就可完成。

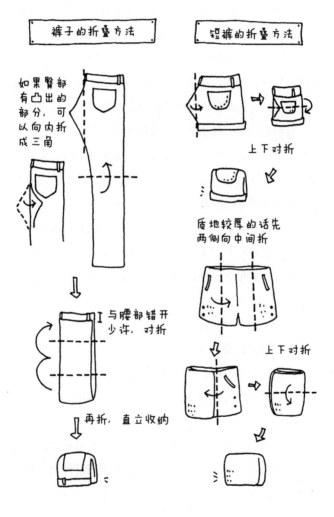

裤子的折叠方法

如果臀部有凸出的部分，可以向内折成三角

与腰部错开少许，对折

再折，直立收纳

短裤的折叠方法

上下对折

质地较厚的话先两侧向中间折

上下对折

　　如果是裙裤之类的裤腿肥大的短裤或是羊毛质地等有厚度的短裤，就稍微做一点变化，先纵向折至三分之一处，再上下对折。

　　裤子是挂起来还是叠起来，你可以自由决定。当然，如果是西裤这类熨烫出褶线的裤子，胡乱折叠会使裤腿上的褶线乱掉，所以最基本的要求就是挂起来。

　　对了，如果在第一步的对折后，屁股部分的布料有凸出的现象，只需把凸出来的部位按三角形折进去就好。这是一个当服装店店员的客户告诉我的方法，对没有一条长裤的我来说，这还真的是一个盲区。


　　**·半身裙、连衣裙等下摆宽大的衣物的折叠方法**

　　很多人一看到富士山一样下摆巨大的裙子就会望而却步。"这个恐怕很难折叠吧。"这样的心情我完全能够理解。

　　但是，不管裙摆大到多么夸张，你也无须害怕。冷静地把裙摆摊开来研究一下，就会发现，不管是哪种裙子，其实都是三角形和四边形的组合。只需把两端的三角形折进去，再按照四边形来折叠就行了。

　　如果裙摆大得惊人，那只需把铺展开来的部分进行调整，多折进去一些就行。如果裙子的质地太薄，很难对付，那就先把裙摆左右对折，再把铺展开来的部分折进去也行。

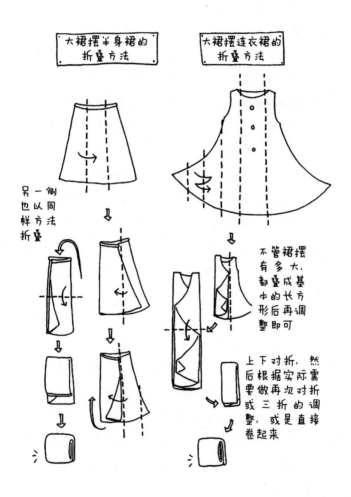

大裙摆半身裙的折叠方法

大裙摆连衣裙的折叠方法

另一侧也以同样方法折叠

不管裙摆有多大，都叠成基本的长方形后再调整即可

上下对折，然后根据实际需要做再次对折或三折的调整，或是直接卷起来

只要能把裙子折成长方形，就可以照常处理。然后把裙子对折或是卷起来，再调整高度就大功告成了。

当你为衣物是该挂起来还是叠起来而烦恼时，记住"只把那些挂起来之后赏心悦目的衣服挂起来"就对了。因此，半身裙或连衣裙这样飘动的衣服必然是要挂起来的。不过，遇到挂衣杆空间不够或是外出旅行住酒店等不方便挂起来的情况，还是把这类衣物折叠起来比较方便。

### ·连裤丝袜的折叠方法

左右对折后从脚尖部分开始三等分折叠，然后像包海苔卷那样卷起来。记得要直立着放进抽屉，由于卷起后很容易松散，所以一旦放入抽屉就要用小方格隔板固定好。

### ·短袜的折叠方法

将两只袜子重叠、对齐，然后折叠起来。比起其他衣物的折叠方法，袜子的叠法算是最简单的。所以，我建议大家教小朋友叠衣服的时候，先从叠袜子教起。

### ·厚裤袜的折叠方法

虽然厚裤袜跟连裤丝袜的外形差不多，但是太厚的裤袜就不应该用卷的方法了，而是应该像叠裤子那样折叠好并直立存放。长筒袜之所以要卷起来，是因为过于纤薄，不便于折叠；如果是厚度足够的裤袜，那就完全没有卷的必要了。如果卷的时候感觉到"好像太厚了"或是"阻力太大，好难卷啊"，那就是裤袜给出了"想要被折叠"的信号。

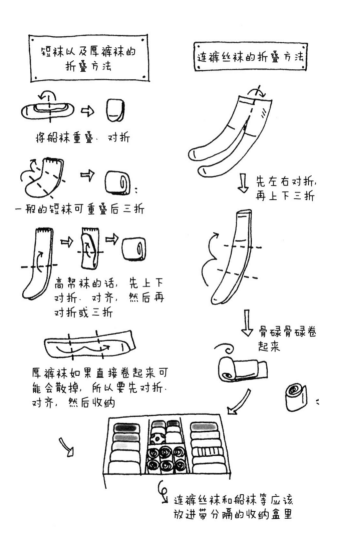

短袜以及厚裤袜的
折叠方法

将船袜重叠、对折

一般的短袜可重叠后三折

高帮袜的话，先上下
对折，对齐，然后再
对折或三折

厚裤袜如果直接卷起来可
能会散掉，所以要先对折、
对齐，然后收纳

连裤丝袜的折叠方法

先左右对折，
再上下三折

骨碌骨碌卷
起来

连裤丝袜和船袜等应该
放进带分隔的收纳盒里

# 图解麻理惠式"特殊衣物折叠法"

学会了基本的折叠方法，接下来就是如何应用了。

所谓"特殊衣物"，其实就是在基本的形状上增加了配件，也就是多了一些装饰之类的。

"增加的附件"指的是像大衣上的风帽、高领上衣的领子这类的衣物延伸部分，其质地大多跟衣物主体相同。

"增加的装饰"指的是点缀在领周的亮片、蝴蝶结，衣身上的荷叶边、纽扣等起美化装饰效果的部分。这些装饰部分常常质地有别于衣身，或者是造型过于立体，导致衣服拿进拿出的时候很容易摩擦起球，所以要稍微注意一下。

我还是要再啰唆一句：不管是折什么式样的衣服，都要以折出一个"整齐的长方形"为目标。

### ·连帽大衣与高领衣服的折叠方法

首先，按照一般的折法，先把衣身两侧的袖子叠好。然后，把风帽或是领子这些"就算没有，也不妨碍衣物的完整性"的附加部分往衣身方向折进来。于是，整件衣服就变成了简单的样式，然后再按照一般的做法进行调整即可。

至于那些高领衣服，如果像上面那样把领子折进来就会显得太厚，那么可以把领子忽略不计，直接按照最基本的方法进行折叠即可。

### ·带装饰物的衣服的折叠方法

衣服上的装饰部分总是特别脆弱，不是容易掉落，就是容易钩到其他的衣服，每次收纳的时候都很容易"受伤"，所以有必要将其列为重点保护对象。面对一件缀有众多装饰物的衣服时，首先要考虑的是"这件衣服上最要注意保护的是哪个部位"，然后把这个需要重点保护的对象面向里侧进行折叠。

如果是一面衣身有装饰物的衣服，那就把没有装饰物的一面朝向外侧。

如果下摆是荷叶边或有蕾丝，把袖子部分折叠好后，记得要抓住下摆的一侧向上对折（一般情况下是抓住领子

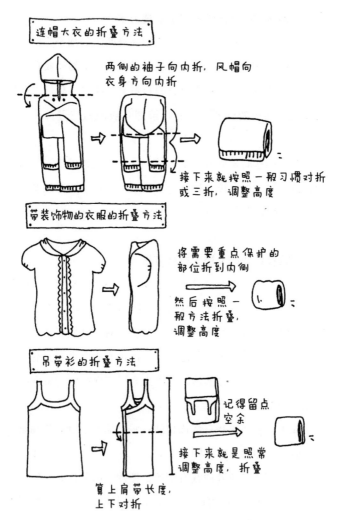

连帽大衣的折叠方法

两侧的袖子向内折，风帽向
衣身方向内折

接下来就按照一般习惯对折
或三折，调整高度

带装饰物的衣服的折叠方法

将需要重点保护的
部位折到内侧

然后按照一
般方法折叠，
调整高度

吊带衫的折叠方法

记得留点
空余

接下来就是照常
调整高度，折叠

算上肩带长度，
上下对折

部分向下对折）。叠起来的时候要注意装饰物不外露，这才是正确的做法。

还有，紧身衣的扣子、POLO 衫的衣领都是衣服中"最该保护的部位"。折叠这些衣服的时候，也应该把这些保护部位向内折叠。

### · 吊带衫的折叠方法

吊带衫的肩带既不是"凸起"的部分，也不算"装饰"，但如果没有这两条肩带，就无法组成一件完整的衣服，所以我们要好好地对待肩带这个衣服的重要组成部分。

把衣身的两侧分别向内折后（一般是三折），把肩带的长度计算在内，然后对折。最后，再按照一般的步骤调整高度。

用莫代尔纤维之类的材料做成的吊带衫因为过于柔软，把衣身折三折是很困难的，只需对折就好。

### · 质地柔软的衣物的折叠方法

像雪纺衫、化纤吊带背心这类质地特别柔软的衣服，如果按照一般的方法折叠，就会松松垮垮的，站立不住。所以，应该先按照普通叠法将衣身三折然后上下对折，再从折痕一端开始向下卷起来，这样就能固定衣物形状，使之不会散开。

有不少衣服就算卷起来也还是没法直立，这时，千万不能生气地指责"你怎么就站不住呢"。正是由于衣服自身不占多少空间，所以可以轻松地插进任何一个小空隙里，这是它的优点。可以把这类衣物和其他挺括直立的衣服放在一起，借力支撑一下。

### ·粗棒针织衫、羊毛衫等厚衣物的折叠方法

为了把这类衣服直立收纳而强行把它们折小，反而会让它们内部充满空气，占去更多空间，所以不如就松松地折叠起来。如果没法直立，就让衣服平摊在抽屉里也是可以的。

不过，这类厚衣服就算用正确的方法折好，也还是相当占地方的。当季的衣服可能还好，过季的衣物收纳起来的时候可能就需要费一点神了。

这类衣服占的体积里有一半都是空气，所以要在最大限度地抽空空气的情况下把衣服收纳起来。我们可以把衣物一边装进束口袋或环保袋，一边把空气抽空。袋子的质地不太重要，无纺布或包袱皮都可以，关键在于要使衣物的体积尽可能地缩小。总之，在没有压缩袋的情况下，也是有办法使这类衣服的体积缩小的。

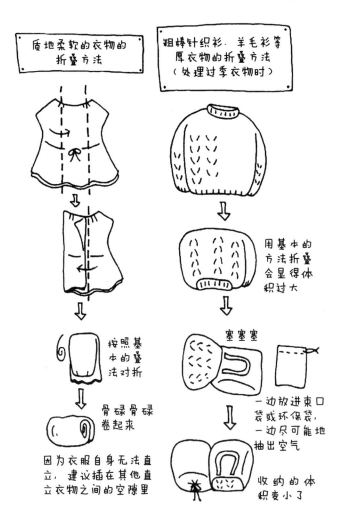

质地柔软的衣物的折叠方法

粗棒针织衫、羊毛衫等厚衣物的折叠方法（处理过季衣物时）

用基本的方法折叠会显得体积过大

按照基本的叠法对折

骨碌骨碌卷起来

因为衣服自身无法直立，建议插在其他直立衣物之间的空隙里

塞塞塞

一边放进束口袋或环保袋，一边尽可能地抽出空气

收纳的体积变小了

### ·奇装异服的折叠方法

"有种就来叠叠看嘛！"那些奇装异服仿佛在冷笑着叫嚣。放心，只要不畏敌，就一定能够把它们叠得服服帖帖的。

如果是蝙蝠袖的衣服，按照一般的叠法把两边的袖子折向衣身，就变成一个再普通不过的长方形了。如果是带褶皱的飞袖，两只袖子的折叠方法照旧，然后上下对折的时候记得把下摆的部分折向内侧。如果是开襟外套，直接上下对折亦可。

你看，多么奇形怪状的衣服，只要稍加改造，依旧能折成一个普通的四边形。看着它们老老实实地被搁进抽屉，整整齐齐地摆放在一起的时候，估计大家都会露出满意的微笑吧。

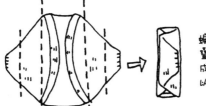

奇装异服的折叠方法

蝙蝠袖向内折叠，只要能叠成长方形就可以收纳

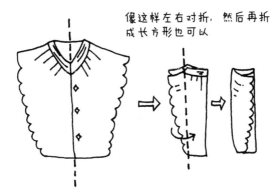

像这样左右对折，然后再折成长方形也可以

折成长方形后上下对折，按照一般方法折叠或卷起来，调整高度

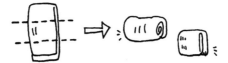

# bra 女王一定要享受 VIP 待遇

"皱巴巴的 bra（文胸）都被我丢出家门了。"

"我的旧 bra 马上就要跟我告别啦。"

"穿了很久的 bra 终于寿终正寝了。"

课程结束后，客户们陆续发来的邮件中常常会出现这一类闪耀着光芒的"文胸更换宣言"。其实，在整理结束后，客户们的添购清单中，占第一位的就是内衣。

**我这份工作也许是独一无二的会检视别人内衣的工作，不过我不得不说的是，再没有比一个人对待内衣的方式同其自身散发出来的气息更一致的东西了。**这种准确程度，是名片上的头衔和外衣的品位所不能匹敌的。

**所以，必须用 VIP 待遇来收纳文胸，这一点十分重要。**

具体地说，首先要做到的一点就是把文胸和内裤分开来存放。偶尔也会看到有朋友把配套的内裤放在文胸罩杯里，这个做法也挺好的，不过在这里，我还是建议大家让文胸享受 VIP 待遇。

本来嘛，比起其他衣物，文胸的构造和气质就是特别娇气的。

请你细想一下，你难道不觉得文胸给人的感觉和其他衣物是不同的吗？带钢圈的独特形状、镶有蕾丝或荷叶边等装饰的丰富设计，尽管款式多变，却轻易不外露，真的很不可思议！没错，与其说文胸是衣服，不如说它是一种看不见的装饰品。所以，正确的收纳原则是：既要注重保持形状，又要重视漂亮的外观。

然而，很遗憾的是，大家常常会采用把罩杯翻过来后排列摆放的错误收纳方法。这样的做法简直就是对文胸的蹂躏。

收纳文胸的时候，切记不要破坏罩杯的形状，而是应该像店里那样保持适当间距，重叠排列。把文胸肩带分别塞进相应的罩杯里，可以避免拿取文胸时破坏队形。同衣服的排列方法一样，把文胸按照一定的色调顺序排列后，心动感会大大提升。

整理文胸对提升心动感知度有巨大作用，还会激发你购买色彩明快的新文胸的热情。在课程结束后一周内购买

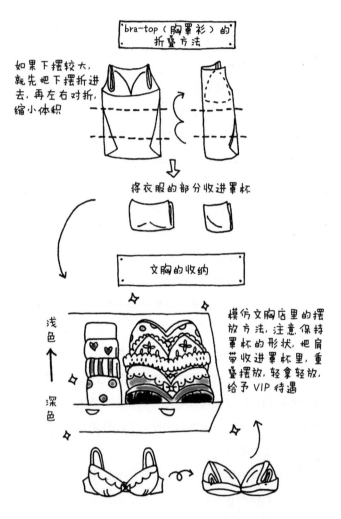

bra-top（胸罩衫）的折叠方法

如果下摆较大，就先把下摆折进去，再左右对折，缩小体积

将衣服的部分收进罩杯

文胸的收纳

浅色 ↑ 深色

模仿文胸店里的摆放方法，注意保持罩杯的形状，把肩带收进罩杯里，重叠摆放，轻拿轻放，给予 VIP 待遇

新文胸，这是很普遍的情况，也有不少人是在课程结束当天就跟我一起出门直奔商场的。只有一次，我遇到一个客户，她当场就扯掉身上的全黑文胸，喊道："我真是烦透身上的 bra 了！"这着实让我大吃一惊。不过，文胸就是蕴藏着这样一种让人坐立不安的巨大魔力！

下一次登门上课的时候，那位客户很开心地让我检视了她的文胸收纳。色彩各异的文胸摆放得整整齐齐，摆法跟内衣店里的如出一辙。而且，她还把之前用来放毛巾的藤条箱改成文胸的专用收纳箱了。

"'bra 女王'果然要搭配比较高级的收纳箱才合适啊。"客户微笑着说。不知不觉间，她对文胸的称呼都变了。

"虽然只是换了个叫法，但是对待它的态度完全不同了呢。以前都是随便丢进洗衣机里机洗的，现在都改成手洗了。"客户这样说道。

于是，我也喜欢上了这个称呼，从那之后都改叫它们"bra 女王"了。

## 文胸的收纳习惯：深色在前，浅色在后

在整理完毕的整洁环境里生活，自我感觉自然也会得到提升。于是，对生活在舒适环境里的自己和内衣之间的不和谐变得无法忍受起来。

这就是了不起的"整理魔法"吧。

我是个想法有些极端的人，所以，我觉得对"bra女王"再怎么重视都不过分。

顺便向大家透露一下，在客户们整理后的添购清单上，占第二位的是睡衣，第三位是家居服。无法外穿的衣物完美地占领了前三的位置，这就是整理让人对"家里的自己"重视的最佳佐证。

**在这里，我建议大家在收纳文胸的时候，按照深色在前、浅色在后的顺序摆放。**这个顺序与一般衣物的摆放习

惯正好相反，但不会产生丝毫的违和感，而是相当自然。请大家亲自试试，感受一下。

其实，有很长一段时间，我也对这样的摆放方法感到困惑。直到有一天，我在李家幽竹写的《转运的风水收纳与整理术》里找到了相应的阐述。风水的说法是以阴阳五行为基础，认为所有的东西都是由金、木、水、火、土这些元素构成的，所以，针对每样东西不同的物质特性，应该采取相应的方法来对待。这本风水书要传达的就是这样一种理念。

**以此为依据，女性的衣服基本上都属"水"，但只有文胸是属"金"。**而且书中还清楚地写明了，建议普通衣服的收纳采取浅色在前，而文胸的收纳应深色在前。

这本来只是我的一种假设，不过现在看来，的确非常有道理，不是吗？

"水"是越干净越好，也就是说，越清透澄明品质越好。与之相反，"金"的特性是越重越好，也就是说，浓重才是品质好的标准。

总之，收纳在抽屉里的物品，必须由内往外，品质越来越好。这样一来就能够营造出一种"正能量不断地向自己涌来"的感觉。

换成这种收纳方法后，客户的脸上立刻露出惊喜的表情，惊呼："简直就是内衣店里的摆法！"而之前一直在穿的文胸似乎也变得可爱起来，以后再购买的话，也想买一些色彩明快的可爱路线的文胸。

令人不可思议的是，仅仅是改变了文胸的收纳方法，对其他物品的收纳也变得用心、仔细起来了——大家几乎异口同声地这样告诉我。如果想要感受一下立竿见影的收纳效果，我建议从让文胸享受 VIP 待遇开始入手。

**那么，"bra 女王的家"应该是怎样的一种环境呢？**

在我个人的"文胸的理想收纳法排序"中，排第一位的是将一整层木质或藤质抽屉当成文胸专用的收纳空间；排第二位的是在木质或藤质抽屉里，把文胸和其他内衣分开摆放；排第三位的是买一个藤条箱专供文胸使用；排第四位的是在塑料质地的抽屉里，将文胸和其他内衣分开摆放；最不推荐的做法是把文胸和其他衣服混作一团，塞进塑料抽屉里。

买一个全新的木质或藤质衣柜，这个有点难度，单买一个藤条箱专门用来收纳文胸，还是比较简单可行的。

**请一定为"bra 女王"打造一个专属的空间。**

因为，只需这样一个小小的动作，就能让你时刻充满怦然心动的感觉。

## 利用纸巾盒实现内裤的完美收纳

在文胸享受到 VIP 待遇后，接下来要处理的就是内裤的收纳了。

同样，内裤的收纳也要参照内衣店的做法，要注重视觉上给人带来的心动感。

**女性的内裤以轻薄质地为主，很多都是化纤材质，只要注意"尽可能地折小"就不会有什么问题。**

我建议的折叠方法是，把最重要和敏感的部位——裆部叠到最里面，把常常缀有蝴蝶结等装饰物的肚脐位置（前片的中心位置）叠到最外侧。

内裤的基本折叠方法是这样的。

首先，背面朝上，摊平。裆部朝上折，与腰线齐平。然后，将左右两侧折向中间，把裆部包裹住。接着，从下往上卷起。翻过来，其标准造型应该是一个只能看到肚脐部位的类似春卷的横长筒状物。

可是，化纤质地的内裤很容易产生刚叠好就松散开来这个令人头疼的问题。针对这个现象，我建议大家叠完后立刻把内裤塞进分成小格的收纳盒里。

**这时，能够派上大用场的是空纸巾盒。折叠后的内裤跟纸巾盒的尺寸十分匹配，简直是刚刚好。**当然，也不是一定要用纸巾盒，只要是尺寸合适的盒子都可以拿来活用。普通的纸巾盒一般可以放下七条折叠后的内裤。

如果是纯棉之类的质地相对较厚的内裤，卷起来会占较大的空间，所以最后一步可以改成折叠，然后采取直立收纳的方法。

**内裤的摆放方法同其他衣物一样，也是按由近到远、由浅到深的规律摆放。打破这个规律的衣物恐怕就只有文胸一种了。**

端端正正地摆放在收纳盒里的内裤看上去简直就像点心盒子里的点心一样可爱。如果把它们放在之前收纳好的文胸旁边，打开抽屉时的心动感会迅速爬升。"简直太美好了，开关抽屉的时候真是赏心悦目啊，每次看到都开心得要命。"这样的反馈不绝于耳。

男性衣物的收纳也是一样的。有些客户是把自己的衣物和丈夫的衣物放在一起收纳的，把衣服和内衣都按照由浅至深的顺序排列，这完全没问题。

另外，还有各种各样的疑问："一列放不下的话，放成两列可以吗？""如果抽屉的宽度不够放两列，那能不能在旁边有空余的地方放别的衣服呢？"我的回答是，只要你打开抽屉的时候，看到整体的布局是由浅至深的就可以。

与其说这里面有着严格的规则，倒不如说个人的体验和感受更为重要。所以，我希望大家可以进行各种尝试，最后找到适合自己的心动收纳法。

**因为，说到底，最重要的是找到能让"自己心动的感觉"**。希望大家可以通过类似跟自己的物品和"房间"对话的方式，进行各种各样的尝试。我觉得，这种情况下的感觉一定是正确无误的。

**就像选择心动物品时一样，要相信自己"说不清，总之就是它了"的这种感觉。**

经过整理之后，生活在心动物品的围绕之下，你会对每一件物品都变得敏感起来。你会渐渐觉察到自己所拥有的物品具有哪些特质，它们是在什么样的状态下被收纳的。

把收纳整理建立在自己感受到的融洽之上，不知不觉就能打造出一个最让自己舒适满意的空间来，大家不觉得这样很棒吗？

这一切都是因为怦然心动的感觉是不会说谎的。

## 女式三角裤的折叠方法

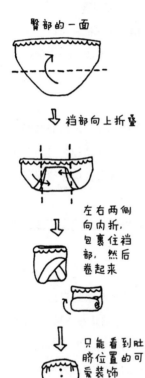

臀部的一面

⬇ 裆部向上折叠

左右两侧
向内折,
包裹住裆
部,然后
卷起来

⬇

只能看到肚
脐位置的可
爱装饰

放进准备好的纸巾盒
等收纳工具时,请按
照由近及远、由浅至
深的颜色规律摆放

## 男式平角裤和三角裤的折叠方法

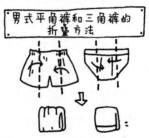

⬇

男性的平角裤等可以先将两侧
内折,然后上下对折或三折

## 壁橱可以打造成
## 让你随心所欲的心动空间

当你思考如何进行衣物的收纳时，最需要确认的关键点是什么呢？

答案是："**必须确认你准备的收纳家具是壁橱还是衣柜。**"

正如大家所知，壁橱是日本自古以来都在使用的收纳家具。因为它最初是被用作存放棉被的，所以进深较大，用隔板将空间隔成上下两层。

而closet（衣柜）是一种从国外流行过来的家具，主要功用就是存放clothes（衣物）。衣柜没有壁橱那么深，里面安装了挂衣服用的杆子。

衣柜里的收纳相对比较简单。把衣服挂在杆子上，下

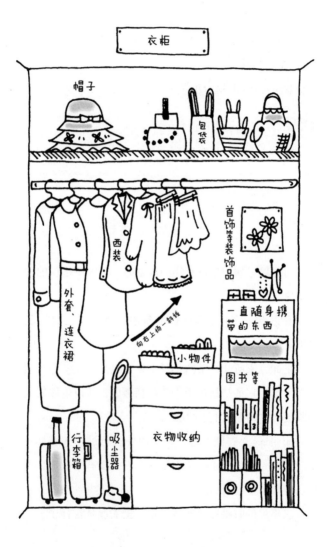

方放上组合抽屉就完成了。抽屉里可以放上折叠好的衣物，有时还可以放文具或化妆品等小物件。用一个衣柜完成一人份的收纳是十分轻松的，操作起来简单易懂。如果你拥有的图书或文件资料不多，可以挑战一下，把它们都收进小储物柜，然后整个扔进衣柜里，这也是个不错的办法哦。

如果你家里既有衣柜又有壁橱，那么就先把衣服往衣柜里塞。**另外，如果是全家人合用一个衣柜，就要明确地划分各自的使用空间。**

那么，遇到只有壁橱而没有衣柜的情况该怎么办呢？

要说壁橱的最大魅力，还在于它那近一米的进深。如果在里面放上尺寸与进深适合的抽屉，那么用来存放叠好的衣物可以说是绰绰有余。话虽如此，要把所有的衣服都叠起来收纳也是不现实的，这时就需要一根挂衣杆。

理想的办法是，把挂衣杆放入壁橱的上层，使上层看起来像一个衣柜一样。抽屉就放在上层挂衣杆的旁边，或者是整组放在下层。如果由于放了棉被而没有足够的收纳空间，那么就只好把挂衣杆放在壁橱外面了。

**如果你现在打算买挂衣杆，那么比起伸缩杆，我更推荐无须担心衣物过重导致杆子掉落的独立挂衣架。**如果你手头已经有了一根伸缩杆，只需在两端放上支撑物，防止杆子掉落即可。不管是钢架、储物柜，还是整理箱，只要

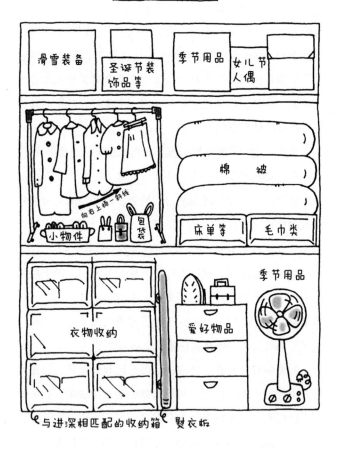

壁橱

滑雪装备

圣诞节装
饰品等

季节用品

女儿节
人偶

向右上物一斜线

小物件 包袋

棉 被

床单等 毛巾类

衣物收纳

爱好物品

季节用品

与进深相匹配的收纳箱 熨衣板

高度适合，都能当作支撑物，可以先在家里找找看有没有合适的选择。

　　总之，不能让自己时刻处于"如果衣服挂得太多，杆子就会掉下来"的担忧之中。

　　正是由于壁橱的进深比衣柜大很多，它的内壁也因此显得较为醒目。浅棕色的木纹肌理看着总归是不舒服，而这也恰好给增加心动元素提供了一个绝好的机会。

　　**我们可以把自己喜欢的布当作墙纸贴在内壁上，或是挂上小幅的画和一些小物件做装饰，把壁橱内壁改造成自己的"心动空间"。**

　　有一个客户在壁橱一角贴上了最喜欢的偶像团体的海报和明信片，并把 CD 和写真集等周边物品全部收集、摆放在一起，打造出一个专属的"心动宫殿"，着实幸福。另外，还有客户在壁橱一角贴满了自己结婚仪式的照片，并把当时的迎宾立牌、戒指盒等婚礼用品全都集中到一起，用来装饰壁橱一角。

　　"这些东西放在外面挺不好意思的，我想要是能每次一打开隔扇都看到这些东西，回想起结婚时的那种喜悦和心动感觉就好了。"平素性格直爽的客户露出害羞的表情，我也跟着感受到了酸酸甜甜的心情……

　　**可见，壁橱是一个可以让你"随心所欲"的自由空间。**

124

曾有一个客户在壁橱的上层放电视机，下层设计成给孩子停玩具车的"停车场"（玩停车游戏时，可以在玩耍的过程中完成玩具的收纳，这个方法值得肯定）。总之，各人有各人的想法，大家都乐于想一些满足自己需要的办法。

**若说"壁橱是个天才"，一点都不过分。**日本人的收纳天赋都集中体现在对壁橱的运用上面了。这么想的人应该不止我一个吧？**如果用隔扇把壁橱分隔成一个个小区域来使用，那么壁橱将会变成非常棒的收纳空间。**

我抱着这样一种态度来利用壁橱，并从多年积累的经验中形成了自己的想法，直到有一天，我遇见了一个颇具冲击性的作品。

记得那次我是到东京文京区参观弥生美术馆，在展示品中，有一幅关于壁橱终极活用术的画作，标题是《壁橱使用窍门》。

画作的内容是这样的：在壁橱中打造出一个架子，架子最上面一层摆放着玩偶装饰，然后将一块可爱的布垂挂下来，当作隔断。

这个方法刊登在知名插画家中原淳一主办的少女杂志《向日葵》上，发行时间是昭和二十三年（1948年）。原来，早在六十多年前就有人把壁橱当作衣柜来使用了，而且已经创造出一套赏心悦目的装饰方法……

上面的记载很好地验证了我的理念——壁橱是房间的一部分。

能够收纳大量的东西，可以像房间一样进行装饰，甚至还可以用隔扇做出隐蔽的空间，壁橱果然是一个全能的天才。

## 收纳就是要思考"自己与物品的关系"，
## 打造"物品的家"

很多人都认为，用来收纳衣物的抽屉应该放在壁橱或衣柜的下层。

抽屉里面应该如何分类才是最合适的呢？

抽屉里面的分类要以没有违和感，也就是营造出一种自然状态为目标。这样，很容易就能给你带来怦然心动的感觉。

在抽屉有好几层的情况下，按照上轻下重的顺序摆放物品会显得比较自然。**也就是说，按照上装放在上层、下装放在下层，棉质等轻薄衣物放在上层、羊毛等质地厚重的衣物放在下层这样的方法收纳。**像是围巾、帽子这类脖子及头部穿戴的物品也比较适合放在上层。享受 VIP 待遇

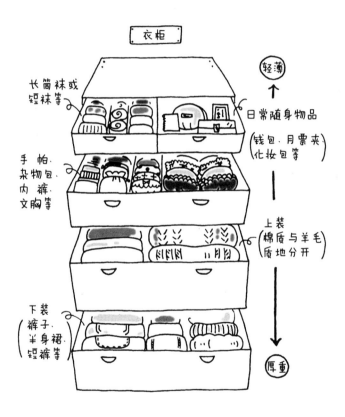

衣柜

轻薄

长筒袜或
短袜等

日常随身物品

（钱包·月票夹·
化妆包等）

手帕·
杂物包·
内裤·
文胸等

上装
（棉质与羊毛
质地分开）

下装
（裤子·
半身裙·
短裤等

厚重

的文胸放在最下层则是绝对不允许的。

这样一来，整个衣柜的好感度直线上升。如果再加上挂衣杆的使用，结合向右上扬的"悬挂收纳"，就完成了史上最强大的心动收纳实践。

确定了整体的平衡之后，接下来要做的就是更为细致的抽屉内部的收纳。

**如果把整个衣柜看成一个自然界，那么每一个抽屉就是不同物品的家。**想要让物品安心地在里面酣睡，最重要的就是安定感的营造。前面已经介绍了适合衣物整理的"九成收纳"，尤其是质地轻薄的衣物（内裤、长筒袜、衬裙等），就算折叠后也很容易散开，所以要趁着刚折叠好的时候迅速放进收纳盒的方格里，这样就不必担心它们会松散了。

同样，衣物上的小物件用小盒子分装也能让收纳变得简单有条理。比如，文胸的替换肩带、可拆卸蝴蝶结或是不可或缺的备用扣子等，用戒指盒大小的盒子装好再放进抽屉就好。

**如果是男女共用衣柜的情况，我的建议是男士的衣服放在上层，女士的衣服放在下层。**也许大家会有疑问："咦？女士的衣服比较轻啊，是不是放反了？"在这里，还是把男性物品的属性和衣物摆放的位置联系起来考虑比较好。

如果你觉得这个说法听起来好像是"心理作用"，那么我们再来看看风水书。书上说，男性的衣物属"火"，而女性的衣物属"水"。也就是说，就算同是衣物，也会因为性别的不同而产生属性的差别。

接下来是我的一种假设。我是这样想的，"火"具有向上的特质，"水"则是天性向下流淌的。也就是说，"火"在上，"水"在下，才不会让秩序混乱（所以才会有整洁的感觉）。

另外，摆放鞋子的时候，不管是男鞋还是女鞋，都含有"支撑的基础"的意思，性质相同。所以，只需简单地把体积大、分量重的男鞋放在下层，女鞋放在上层，就能保持平衡。

还有，化妆包、笔、钱包、月票夹等"日常随身物品"的摆放位置也必须考虑到。把它们仔细地放在盒子里，要是能让其享受 VIP 待遇就更好了。不管怎样，把它们放在抽屉上层是必须的。

不过，也许有人会说："在这种小事情上，费不费心思其实没什么区别吧？"确实，收纳的心动效果乍一看是不明显的。比起把大袋大袋的垃圾扔出屋子，让室内的空气焕然一新的"丢弃"整理，收纳只是一个默默地移动物品，发现只属于自己的小惊喜的过程。

**然而，这正是我最想传达的东西。光靠"丢弃"，是**

**无法完成真正意义上的整理的。**为与自己一起生活的物品设定一个舒适的位置，让它们熠熠生辉；为一直以来支持自己的物品营造一个稳定的环境；**逐一对自己所拥有的物品表示感恩，将"物品与自己的关系"视为最重要的东西，这才是收纳的本质，不是吗？**

设定收纳的位置，其实就是设定"物品的家"。

我可以断言，尝试着把家里的收纳场所全部变成"让自己心动的模样"，就能切实感受到光靠"丢弃"无法实现的、令人难以想象的绝佳效果。

## 减少家具，
## 让房间更宽敞、更舒适

在收纳过程中，最让人头疼的就是小物件。

小物件的收纳之所以这么让人头疼，就是因为它们的种类实在太多了。

以前，我也曾经被小物件的整理深深困扰过，想来想去也不知道该把它们放哪里才好。整理的过程中发现小物件的种类实在是太多了，简直想把眼前散落一地的东西统统丢掉，心里生出放弃的念头："算了，就让小矮人在我睡着的时候帮我整理吧！"等我一觉醒来，发现眼前还是跟之前一样的光景，我就这样绝望地站在收纳柜前，不知道多少次。

不过，大家不要担心。

　　整理的必要步骤只有两步：一是"选择心动物品"，二是"给物品一个固定位置"。关于心动物品的选择，如果是从衣物开始，以图书、文件等收尾，那么就没有什么问题了。请对自己的心动判断力充满信心，然后一件件地对小物件进行挑选，决定它们是去是留。

　　**设定小物件的固定位置，也只需两个步骤：一是"按类别划分"，二是"实际收纳"。**

　　正如前面所说，收纳是最后要做的事情。在收纳之前，先给物品分类，然后挑选心动物品。这里需要注意的也是顺序问题。

　　至于物品的分类方法，我会在后面的章节针对各类别说明，请大家参考。

　　关于如何设定物品的收纳场所，每间房子的装潢格局都会影响收纳细节，因此要注意的铁则只有两条，那就是：**从使用现有的收纳家具开始，先确保体积相对较大的物件的摆放位置。**

　　首先介绍第一条不变的法则：从使用现有的收纳家具开始。

　　请先回顾一下你在开始集中整理前对"理想生活"的想象。如果有照片或剪报，请再一次仔细审视一番。我想，绝大多数人的理想生活中都有"拥有比现在更加宽敞的舒适空间"这一条。

**那么，该怎么做才能让自己的房间变得更宽敞、更舒适呢？答案很简单，减少家具就行。**当然了，床和沙发这样的必需品是不能丢弃的，应该减少的是收纳家具。

"这绝对办不到！"

我似乎听到了这样的声音，但是我可以断言："绝对办得到。"

我在上整理课的时候，都是抱着"只使用现有的收纳家具"的想法指导客户完成收纳的。

**不管房间的现状怎样，首先要在脑海中想象收纳完成后的样子，也就是这个房间"重生的样子"。**想象一下，霸占在地上的整理箱和储藏柜消失得无影无踪，东西都收在壁橱和衣柜里，房间焕然一新。

"这个房间肯定能整理成那个样子！"

我这么说，客户们却将信将疑："在我们家可办不到呢。"可是，大多数的情况是一切都按照我的预计顺利发展。当然，也有因为心动物品过多而没有达到想要的效果的情况。总之，事先想象出房间"重生的样子"再开始整理，效果会大不一样。

也就是说，想要收纳成功，诀窍在于以"利用现有的收纳场所把所有东西收起来"为前提。从衣柜、壁橱等家里现有的收纳家具着手，完成整理作业。

除了衣柜、壁橱、走廊上的储藏室、玄关的鞋柜之外，电视机柜、床底的抽屉等固定家具的收纳空间都算是可利用的已有空间。另外，作为嫁妆的大衣柜等"永远不会丢掉的物件"也可以归为这一类。

如果你家里没有这样的大件固定家具，那么就要善用已有的收纳家具，依照顺序收纳心动物品。

第二条不变的法则是：先确保体积相对较大的物件的摆放位置。

体积相对较大的物件包括棉被，装有衣物的整理箱，电暖器、电风扇等季节性电器用品，挂着衣物的挂衣架等。换句话说，收纳时要先将这些东西放入家中原有的收纳空间，这就是"先确保体积相对较大的物件的摆放位置"。

当然，有时难免会发生必须将体积较大的物品放在外面的情况，但一般来说，先把大件物品收纳好，再利用剩余的空间摆放小件物品，按这样的顺序来收纳，才能充分刺激人类的"收纳思维"，成功地做好收纳。

每当我提出"限制越多就越容易把收纳做好"的观念时，许多人就会惊诧。其实，正是由于限制多，才会彻底激活脑细胞，从而做到成功收纳。

## 分辨"贵重物品"，
## 可以先闻一闻

　　望着房间里各种散乱的东西，客户两手叉腰，叹着气说："近藤小姐，要说按材质分类，布质、纸质、电器都还好辨认，可是其他类别的东西要怎么区分呢？"

　　"可以闻味道哦。"

　　一瞬间，房间里的空气变得有些异样。

　　"啊？"客户双目圆睁。

　　"你闭上眼试看吧。"我对客户说道，然后拿出三样东西在客户的鼻子前举了十秒。接着，我问客户："什么味道？"

　　"觉得有点……像是钱的味道。"

　　客户的回答听起来没有什么自信，可是她的回答是正确的。我举到她鼻子前面的分别是存折、纸币和代金券。

所谓"贵重物品",大致包括存折、银行卡、图章、年金簿、代金券、现金等"与金钱有关的东西"。这类东西不知为何总是散发着浓厚的金属味——用"新硬币的味道"来形容,各位可能比较容易理解。因为是与金钱有关的东西,自然比一般东西尊贵些,所以一定要好好对待它们,千万不能怠慢。

平时不常携带的信用卡、积分卡等卡片,一张张地收在卡包里也不错,但如果直接插进杂物盒收纳,使用起来会更方便。出国旅行时用的钱包和外币也属于"贵重物品"的范畴。存折和印章放在一起的话会有较大的风险(指在日本),所以还是分开存放比较合适。

虽然同为纸制品,图书、文件等"信息类"的纸制品散发出来的气息带有些许酸味,这一点与存折、纸币这类与金钱有关的纸制品不同,后者散发着一种金属味。我想了一下,或许这也跟文胸一样,与阴阳五行有关。于是我又去查阅风水书,才发现这两类纸制品果然有区别。图书是属"木"的,而钱是属"金"的。我看的另一本书上说,"木"的气味是"酸"的,"金"的气味是"咸"的。

当然,印刷使用的墨水不同,老旧图书散发出霉味,这些可能都是造成纸制品气味差异的原因,但自己的直觉能跟阴阳五行这些流传多年的古人智慧不谋而合，还是让我感到非常开心。

也许有人无法感受到我说的这种差异，但那些通过整理消灭掉大量东西的客户都会深有体会地感叹："我懂！"

每一样东西在原始质地的特征基础上，受到后来发挥的功用和使用方法的影响，散发出来的气息也会发生变化。

其实，就算物品本身没有明确地散发出气味，它的气息也还是可以被我们感受到的。人类的感觉就是这样一种难以解释而又异常厉害的东西。

## "钱包大人"与"bra女王"
## 是两个并列的VIP

在贵重物品中，最难伺候的就要数钱包了。

这么说可能稍显夸张，但被称作"与bra女王并列的VIP"的钱包，的的确确是一个泰斗级的存在，需要更高等级的呵护。至于原因，当然无须多说，钱是多么贵重的东西呀，而钱包是用来保管钱的物品。

严格说来，真正难伺候且需要恭敬对待的，是钞票本身，因为它一旦赤裸地放在外面，气势就会显得相当弱。就算是一张百元大钞，如果孤零零地放在外面，也会给人一种畏畏缩缩的感觉，还带着一点无助感，甚至是羞怯而没底气的，之前的威严也不知跑到哪儿去了。

可是，钞票一旦回到钱包里，就会恢复尊严，摆出一副臭架子。所以说，作为钞票的"家"，钱包是一个十分重要的存在。

"钱包和钞票的关系就像我和老公这样，是吧？"客户如此说。她的理解是：正是有了钱包在背后默默支持，钞票才能尽情发挥才能，拥有自己的一片天。

**其实，钱包是一种极易疲劳的物品——面对极度骄傲、频繁使用的钞票，它要笑脸相迎，还要把它们保管好。所以，我们要给钱包安排一个特别的休息场所。**

话虽如此，也没有必要搞得特别复杂，只需跟对待其他物品一样，给钱包一个固定的摆放位置就好。

接下来就看每个人自己的水平了。为了给大家一个参考，我在这里介绍一下自己的钱包收纳法。

**每天回家之后，我会把包里的所有物品一一拿出来物归原位，第一个要放好的就是钱包。**首先，取出放在外袋的收据。然后，摊开缀有粉色和黄色圆点花纹的白色棉质手帕，把钱包放在上面。接着，向钱包道谢："今天辛苦了！"像包裹礼物一样把钱包包好，把朋友送的小水晶也一起包裹进去。**最后，把包裹好的钱包装进专用的盒子，盖上盖子，放进抽屉的一角，道一声"晚安"，这才算完成了所有步骤。**

在这里，手帕充当了让钱包熟睡的棉被的角色，所以应该选用花纹可爱、材质高档的来担此重任。水晶倒也没有什么特别的用意，只是自从听朋友说有助于"提升财运"之后，就一直习惯把它跟钱包放在一起了。外面的盒子就是钱包买来时的包装盒，摆放的抽屉则是同时放有"贵重物品"和"随身携带物品"的那一层。

要说到底是从什么时候开始形成这样的收纳习惯的，我自己也记得不是很清楚了，应该是在意识到要最大程度地对钱包表达敬意后，就这么做了。

"又是这么麻烦的事……"也许有朋友会这么想。其实，除去感恩道谢的时间，完成这一系列的动作连十秒都用不了。

很多客户听我介绍了这种收纳法后，开始将钱包收纳在固定位置的盒子里，以轻松的方式实践钱包的 VIP 收纳，并在不久之后也发展出手帕包覆收纳以及道晚安等仪式。还有人在钱包收纳盒的周围放上有助提升财运的"护卫"，在柜子一角辟出一座"钱包大人"的专属宫殿。

"每次从钱包里拿出钱来，我都会想，多亏了这些钱我才能每天不饿肚子，才能买自己喜欢的东西，真是太感谢了。花钱的态度和方式发生了明显的变化呢。"我听到客户这样的反馈时，真真切切地感受到了钱包 VIP 收纳法的巨大成效。

## 想象自己开了一家饰品店，
## 用这样的心态收纳饰品

"美女不是一天养成的。"我希望大家在做饰品收纳的时候都能想起这句话。

饰品为了让主人容光焕发，无私地奉献着自己的美丽，所以它们"下班"之后，理应得到妥善的照顾。饰品的外观重要度与文胸不相上下，但是比起文胸，饰品损耗率较低，又是抛头露面的角色，所以可以说是真正意义上的女王。

做饰品收纳时，最关键的一点就是要保持它们外观上的美丽。为了达到这个目的，多花一些时间也是值得的。假如以单位面积来计算花费的时间，客户家中的饰品收纳区一直是我花费时间最多的。

　　首先，根据自己是否已经有一个适合放饰品的地方来决定收纳的方法。

　　如果是抽屉收纳，那么颇具代表性的收纳家具就是梳妆台。

　　当你打开抽屉的时候，如果看到饰品盒整齐地排列在抽屉里，这样没什么不好。不过，我在这里要强烈推荐的是展示型收纳——你可以在拉开抽屉的瞬间对各种饰品一览无余，类似商店里的展示柜台。

　　如果你的家里没有梳妆台，那么可以利用五斗橱的抽屉或是桌子上层最浅的那个抽屉来收纳饰品，这样也能达到相似的效果。

　　至于放进抽屉里的小盒子，则要来个小空盒总动员。饰品的原包装（不管是盒子本身还是盒盖）自然是可以用的，饼干及巧克力盒的格状分层等家里有的东西都可以拿来试试看。

　　"用空盒子来装虽然方便，但是论美观的话……"

　　我想肯定会有人存在这样的顾虑吧。既然是要给饰品女王打造居住环境，材料当然要经过严格检验。虽说只要是空盒子就行，但是像纸巾盒这样生活气息过重的，或是那些硬度不够的盒子，都是不合格的。对盒子的基本要求就是有漂亮的衬纸装饰，而且质地足够坚固。

　　如果漂亮盒子的数量不够，也不必担心，因为把盒子放进抽屉之后，基本只能看到盒子内部。

　　就算是瓦楞纸的盒子也没关系，只要在盒底铺上自己喜欢的纸就可以。明信片、包装纸、花纹中意的纸袋，都可以拿来剪剪贴贴，这正是那些"心动却用不上的东西"的出场机会。对了，这个方法不仅可以用来处理盒子内侧，还适用于抽屉的底部。

　　除了盒子之外，小碟子也可以用来装东西。有个客户一时冲动买了一个北欧名牌的玻璃烟灰缸，之前一直没有机会用，后来拿它当收纳的小容器，效果非常棒。

　　除了抽屉之外，珠宝盒、化妆包等也是不错的收纳选择。如果你手头就有自己中意的珠宝盒，请你一定要利用起来。因为那是专门用来收纳饰品的，所以就算是随随便便一放也能营造出赏心悦目的效果。既不费力，又不费时，这是完成饰品收纳的最简便的方法。

　　如果你不是很喜欢手头的珠宝盒，我强烈建议你将其分解后加以改造利用。

　　"反正这个珠宝盒你也不喜欢，就把它处理掉。"

　　也不等客户回应，我就翻开镶着玻璃的盖子，用膝盖使盖子和盒身脱离开来，然后用手指抓住里面的三个隔层的两端，用力把它们从盒子里顶出来。看到我这样做，客户惊得目瞪口呆。

拿掉盖子的珠宝盒可以直接放进抽屉里，剥离出来的隔层也可以再放进别的小盒子里，这样一来就完成了由珠宝盒到抽屉收纳隔层的华丽转身。

**饰品收纳方法的创新，可以说是对动手能力的考验。**

为了防止手链和项链打结，可以在分格的边上切一个小豁口，把链子挂在上面（纸质的盒子操作起来会更方便）。带梳齿的发饰也可以用来缠绕项链等。只要你肯动脑筋，收纳饰品的小方法可以说是层出不穷。

**开放式收纳也是我要推荐的收纳方法。这种方法兼有装饰作用，是一种呈现式的收纳。**

如果你手边有软木板，可以把它用作饰品的展示板。这时，不要在木板上按大头针并把饰品挂在大头针上，而是要充分利用只剩一边的耳环，以提高展示板的可爱度。为了起到装饰效果，把细链子挂在展示板上也是可以的。

如果对所有饰品都采用开放式收纳，对空间和物品的要求会比较高，所以这个方法更适合收纳高手。对一般人来说，最好将抽屉收纳和盒子收纳搭配起来使用。你可以将每天佩戴的饰品及当季饰品放在小盘子或托盘里，大方展示出来。

梳妆台也好，珠宝盒也好，软木板的开放式收纳也好，其实需要的都是一颗"玩心"。如果抱着开一家自己的珠宝店的心态来做饰品收纳，那将会是一种最让人怦然心动的整理。

## "化妆"是把当天的自己
## 变得有女人味的仪式

　　同 bra 女王和饰品一样，收纳时必须注重美观的，还有化妆品。

　　化妆品的收纳思路、方法和饰品是一样的：梳妆台、五斗橱的抽屉式收纳，或者将全套化妆工具纳入其中的化妆盒或化妆包等箱型收纳。如果拥有梳妆台，那就完全无须头疼了，因为梳妆台在这方面几乎是全能的。

　　在我的客户中，梳妆台的持有率不到三成，而其中能够把梳妆台物尽其用的人只有孤零零的一个。

　　走进客户 M 小姐的房间时，我第一眼看到梳妆台，却没认出那到底是什么家具。深棕色的细长梳妆台似乎周身都被雾霭包围。

　　梳妆台上散放着各种化妆用品：粉底液的瓶口有液体溢出，粉饼盒的盖子已经裂了一半，眼影膏和腮红的盖子都敞开着，各种刷子在一旁乱成一团。一拉开最靠近桌面的浅抽屉，指甲锉、口红等小东西纷纷冒了出来。可是，那些东西都像是撒上了一层糖霜，看起来雾蒙蒙的。与其说这是一个梳妆台，还不如说是一座废弃校舍。

　　**购买梳妆台的本意是让自己变得更美，但是很多人买来之后弃之不用，直接在洗脸台边上随便化化妆，或者只将梳妆台用来放置化妆品。**

　　话说回来，我自己并没有什么化妆品，对化妆完全是门外汉。

　　除了一般的整理诀窍外，化妆品的收纳是否有特别的要求呢？我曾打算就此向百货公司的化妆品柜台店员咨询，或是询问朋友中的化妆达人，就在这时，我的客户里面出现了一位彩妆专家S小姐。

　　S小姐是彩妆讲座的讲师，曾在巴黎时装周担任过彩妆师，同时也是艺人专属化妆师，现在开了一家自己的沙龙，专门为客户提供个人彩妆指导，是一位名副其实的彩妆专家。

　　她对化妆品的收纳，我只能用一句话来概括，那就是："不愧是专家！"

S小姐的梳妆台已经转让给别人，现在只用化妆箱来收纳化妆品和折叠镜。化妆箱里的东西，包括粉底在内的底妆用品、眉笔、眼影、唇膏以及扫刷等化妆品和用具都分门别类，**能够直立收纳的物品都直立收纳，方便取用，而且所有的物品都排列得相当整齐，让人一目了然。**

"我把它们分成一队（每日使用的物品）和二队（以备不时之需的物品）。一队是'只要有这些东西在，就能完成基础妆容'的物品，我把它们放在化妆包里，可以随身带着走，方便补妆。

"化妆一旦让人觉得麻烦那就完了，收纳的基本标准就是减少非常用物品的数量。

"所以，我非常建议对假睫毛进行改造。先把假睫毛取下，涂上胶水，让它变软，然后剪开……整片的假睫毛很大，很占空间，所以买了之后要对它进行改造再存放起来，等你要用的时候从包装里拿出来马上就可以用了。"

S小姐一边说着，一边把排列在透明塑料药盒里的假睫毛拿给我看，假睫毛被剪成了小段，像毛毛虫似的趴着。另外，棉签被装在名片大小的盒子里，眼影的色块也被组合进眼影盘中……

"化妆品容器如果被弄脏的话，那真是最糟糕的事情。粉类的化妆品立刻会变得粉尘四散，所以要勤快地随时擦拭，使之保持光亮洁净。如果不这样做，就违背了美丽的宗旨。

**"至于化妆品的使用寿命，粉类是开封后两到三年，唇彩的话大概是一年，如果可以闻到油味，那就该扔了。粉底液等近似护肤品的化妆品基本是一年的有效期。"**

在我的整理课上，遇到过有客户的化妆品用了五年的，而其实，专家给出的彩妆使用期限出乎意料地短。

"化妆并不是一种义务，没有热情是做不到的。所以要尽可能地收集一些能激发自己热情和兴趣的化妆品。

"化妆品本身才是最让人心动的，因为化妆是把当天的自己变得有女人味的仪式。如果每天早上的化妆都是懒懒地毫无兴致地敷衍了事，那么接下来的一整天都会是这样的状态呢。"

听到这话觉得刺耳的，恐怕不止我一个吧。

不知什么时候，S 小姐已经从收纳讲座切换到了化妆心得讲座。从中，我主要发现了两点。

第一点是收纳要简单明了。正因为东西数量多，清楚了解每一样东西放在哪个位置才显得越发重要。

像 S 小姐这样把物品分成几部分收纳就是很好的办法。其实，这也是用分隔收纳来做整理。要学着像行家那样使用分区明确的化妆箱，或使用可加入隔层的空箱子或收纳盒。

"其实我的化妆品不多，用不着放得这么复杂……"

**我的情况也是这样。如果你手头的化妆品并不多，那么可以采用最简单的区分方法，也就是把化妆品分成可直立与不可直立这两大类。**

先准备一个装"直立物品"的容器（圆筒形的罐头瓶或是玻璃杯都可以），然后把睫毛膏、眉笔、化妆刷等棒状的可直立的化妆品都放进去。其他的都放进化妆包或盒子里做常规的收纳就好。

另外，轻巧的带镜粉饼盒、眼影盘等化妆品如果也直立起来收纳的话，就能节省不少空间。不过，如果收纳的空间够用，还是把眼影和腮红平放比较好，这样既方便看颜色，又赏心悦目。所以，具体的收纳方法请按个人喜好调整。

## 化妆品和护肤品
## 一定要分开来收纳

在对化妆品进行心动选择后，把留下来的那部分进行收纳，使物品一目了然，这应该没什么难度。

**接下来要说明的第二个重点，就是情境。说得清楚一点，就是如何把化妆时间变成令自己怦然心动的时光。**

这时，就要请梳妆台出场了。说到底，至今为止没有一个人会因为"没在使用"就把梳妆台丢掉。

随着对化妆品的整理，想要重视化妆时间的心情也会越来越强烈。这时，之前已经荒废了的梳妆台就重出江湖了。

整理化妆品的过程不仅能让自己更重视化妆时间，也可以让俨然成为废品、只是放在家里占用空间的梳妆台重放光彩。

只要好好整理，梳妆台就能转变成最棒的舞台，你可以在此举行"把当天的自己变得有女人味的仪式"。

用化妆刷蘸取中意的腮红颜色，然后轻轻扫在脸上。这样一串再日常不过的动作，只因是在梳妆台前完成的，就有了电影场景一般的动人光彩。这就是梳妆台的神奇之处。

当然，就算没有梳妆台，也可以把化妆品收拾得整整齐齐，然后把化妆的时间郑重其事地划分出来，认真对待，提升化妆时的愉悦感。请大家务必多花点心思。

另外，我希望能引起大家注意的一件事就是：**把化妆品和护肤品区分开来。**

"啊？护肤品和化妆品不是一类吗？"似乎大家都是这么想的，其实不然。

教会我不少彩妆知识的化妆师S小姐曾这样说过："护肤品是早晚都要使用的，而化妆品只在早上使用，所以两者是完全不同的。"

在我个人看来，比较简单易懂的说法就是两者本身的性质不同。

化妆水、乳液、精华素等护肤品都是较为滋润的液体，而化妆品大多是粉饼等干燥的物品，遇到护肤品产生的水汽时，很可能会减弱功效，比如，你在使用化妆水的时候，如果不小心把它溅到了腮红上，腮红就很有可能变质。

**所以，把化妆品和护肤品分开来存放比较好。**

当然，也存在把这两类东西同时放在梳妆台抽屉里的情况，这时只需把护肤品单独装在一个盒子里，需要用的时候把整个盒子拿出来即可。实际操作过后，你就会默认"的确是这样做比较合理"。

绝大多数的人会把护肤品放在洗脸台上，如果那里的空间够的话，没什么问题；如果洗脸台空间太过局促，那就把护肤品集中摆放在衣柜或壁橱一角，在摆放小物件的地方辟出一块空间来。

至于那些兼有乳液和妆前乳功能等的彩妆和护肤分界较为模糊的用品，划归到哪一类都是可以的。头发的洗护产品的话，按照具体功能划分就好。香水则可以采用饰品的开放式收纳法，建议放在化妆品附近。

## 巧妙利用垂直空间，
## 洗脸台会变得很整洁

　　告诉大家一个我不愿承认的事实：以前还在娘家跟一大家子人生活在一起的时候，我从来没能将洗脸台整理到满意的程度。

　　上面堆的东西实在太多了，包括牙刷套杯、化妆品小样、沐浴露……洗脸台上的东西多得简直难以置信，但是都不能丢掉。

　　而且，放在洗脸台上的东西常常被水溅得湿淋淋的。虽然也会提醒家人"用洗脸台的时候注意把周围的水擦干净哦"，但不出意料的是，东西还是长期处于潮湿的状态，自己也不好意思说"以后要注意"之类的话了。

　　没办法，我只能采取"默默打扫"的对策。

我曾经因为偷偷把家人的东西丢掉而收到"整理禁令"。比起那个时候，我现在的做法成熟多了。我已经充分认识到乱动他人物品带来的后果有多严重。

无论如何，自己使用的时候一定要尽可能地保持洗脸台的整洁，就当是对能够住在家里的一种感恩了。只要一看到洗脸台有水渍，就擦拭干净——我就这样开始了"默默打扫"。

不仅是在使用洗脸台的时候这么做，每次经过洗脸台也不忘检查一下，随手把它擦拭干净。并且坚持每个月都要把架子上的东西拿下来，把玻璃隔板卸下来彻底清洗。

可有时候工作一忙也会把打扫的事忘得精光，然后洗脸台就会变得凌乱不堪，真是让人泄气。

**在打扫整理中，洗脸台总是一个容易被忽略的角色。这个地方有太多人使用，家人不仅在此洗漱，还要存放很多消耗品，真的很难维持整洁。**

按照场所类别来思考收纳方式时，要好好想一想这个地方的用途是什么。你不光会在洗脸台边洗脸、刷牙，洗澡前后在这里整理仪容，还有可能在这里洗衣服……就我个人来说，洗脸台是一个收纳"跟水有关的东西"以及"跟身体有关的东西"的地方。

也就是说，洗脸台收纳的物品主要分为以下几类：

洗漱用品（护肤品，口腔清洁产品，吹风机，洗脸时用的发带、发卡，剃须刀，毛巾，储备消耗品，等等）；

沐浴用品（洗发水，沐浴露，等等）；

洗涤用品（洗涤剂，洗衣袋，夹子，等等）；

用水场所的清洁用品（浴室清洁剂，海绵，等等）。

如果洗脸台设有抽屉，那么按照基本的"分类别""直立收纳"进行也是可以的。

需要特别注意的是洗脸台下面的空间。抱怨"洗脸台的收纳总是搞不好"的人多半是因为没有很好地利用洗脸台下面的空间。

拉开柜门一看，清扫用品、洗发水瓶子等把下层空间挤得满满当当，而上层却空荡荡的……

**由于洗脸台下方完全没有隔层，所以，想要灵活运用这块收纳空间，秘诀就在于"充分利用垂直空间"。在这种情况下，光靠隔层收纳盒是不行的，收纳容器也要出场了。**

用得最多的是整理小物品后剩下的小型整理箱。如果宽度与进深合适，那就毫不犹豫地把箱子放进去吧。如果上方还有空间，那就再放上一个无盖的箱子，里面可以放瓶瓶罐罐和吹风机等，这样能够最大限度地利用垂直空间。

**"进深是比较合适，但是整理箱太高了，没法放进柜**

子里……"遇到这种情况也没关系。如果是有好几层的组合式整理箱，可以把它拆开使用。先将箱体上下翻转，然后用脚踩住最上面的层板，用全身的力气往上拉，就能拆下每一个抽屉，最后再按需要组成一层或两层的收纳箱。拿掉抽屉后的整理箱箱体也可以继续使用，如果箱子底部有滑轮设计，最好把轮子也卸掉。

除了整理箱的抽屉，简易置物架也可以利用起来。如果你家里既没有整理箱也没有置物架，那么，只需在普通的抽屉、箱子上面放上无盖的箱子就行。这样的摆法会让下面的箱子有点不方便开启，所以我建议把牙刷、肥皂之类的消耗品储备在里面，尽量减少开合次数。

## 卫生间里需要的是毛巾,
## 而不是内衣

如果是一大家子人生活在一起,卫生间的收纳就要按照先公用物品、后私人物品的顺序进行。

也就是说,首先要确保牙刷套杯、吹风机、毛巾、清洁用品等公共使用度较高的物品有收纳场所,然后再把剩余的空间分配给每个人,让大家自由摆放自己的护肤品等物。

如果卫生间的空间不够用,每个人的私人用品可以收纳在自己的房间里。

我建议大家根据自己家里的情况适当调整,制定一套明确的规则。

规则制定好之后,还要做好防水措施。这里,我给大家介绍一个从客户那儿学到的非常简单有效的方法。

这个方法就是，除了擦手的毛巾之外，再在卫生间里准备一条擦水渍用的毛巾。已经在家里实践过这个方法的朋友可能会觉得："这有什么呀，这也太简单了吧！"不过我从客户身上还真是学到了不少生活的智慧。

感谢客户的生活小智慧，现在我娘家的卫生间总是保持着干净整洁的状态。

话说回来，我一直强调无论是衣服、文具还是化妆品，所有物品都要采取"直立收纳"的方式，但常常有人问我："毛巾能不能重叠着摆放呢？"看到酒店的卫生间里各色毛巾都整整齐齐地重叠在一起，很多朋友都会产生这样的疑问。

其实，我已经说过很多遍了，不管是什么东西，我都认为"直立收纳"是最好的收纳方法。

我之所以推荐"直立收纳"，理由主要有两个：一是可以让东西一目了然，便于选择，就算东西拿进拿出也不会打乱秩序；二是如果重叠摆放，被压在下面的东西比较容易被压坏。

其实，使用毛巾的时候，更多的是"随手拿着用"，而不是"挑着用"。每次只要把洗干净的毛巾放在下面，然后从上面开始依序取用，就不会打乱摆放的顺序。由于毛巾是每天都要使用的物品，所以重叠的时间也不会太长。

也就是说，毛巾重叠着摆放是完全没有问题的。

当然，如果哪天你想"看心情挑毛巾"，那就在架子上放个盒子，把毛巾卷起来"直立收纳"。

**还有，我发现喜欢把内衣放在卫生间里的人不在少数，这个做法我实在是不太认同。**卫生间毕竟是一个公共场所，内衣则是一种"私密物品"，如果放在别人进进出出的场所，就算不是随意摊开来放着，想想也会觉得不舒服。尤其是女性，千万不要这么做。

**"按自己的想法践行收纳，不要考虑行动路线。"**这是我的基本收纳哲学之一。所以，希望大家还是把内衣和其他衣物同等对待，好好地收纳起来。

## 勤打扫，巧收纳，
## 打造心动卫生间

"啊，这儿的收纳很好办的嘛。"大家这样说的时候，绝大多数情况下指的都是卫生间。

需要放在卫生间里的东西，基本上就是厕纸、清洁用品、除臭用品以及生理用品。除去囤积过多备用品的情况，绝大多数时候，卫生间的物品收纳难度是很低的，客户们家里的卫生间在收纳方面也很少出问题。

这样就没问题了吗？

不。相反，卫生间这个地方最难整理出让人想大呼"完美"的境界。说起来，连我本人也曾经轻视卫生间收纳的重要性。

有一次朋友来我家里玩，发生了这样一件事。

"你家的厕纸用完了啊，我已经给你换好了。"

朋友从卫生间出来后轻描淡写地说了一句。可是，我却被她说得心里一怔，莫非她打开了放备用品的柜子……

说起来惭愧，卫生间收纳柜里的东西我放得很杂乱。

"你怎么可以随便打开我的柜子呢……"有一瞬间我的脑子里闪过了这样的想法，可是再一想，人家不用厕纸根本没法出来，而且我早就注意到快没纸了，却没有及时更换，确实是我的不对。

等朋友走后，我走进卫生间打开柜门确认情况。卫生间用品拥挤地堆在里面，虽然算不上杂乱，但是各种物品的包装沙沙作响，绝对称不上让人愉悦的收纳环境。

我可是靠"整理"吃饭的人啊，我平时不是口口声声说"要让看不见的地方都变得让人心动"吗？而且，说到底，作为一名女性，对卫生间的收纳这样敷衍了事，实在是说不过去。

仔细想想，卫生间其实是整套房子里公共程度最高的场所。比起厨房，客人进入卫生间的频率要高得多；比起衣柜，卫生间里的柜子被别人打开的概率也会高出很多。而且，偏偏放在卫生间里的东西是个人生活气息最浓郁的。

虽然被别人看到的概率不大，可是一旦给人留下不整洁的印象，那就是一球出局的事情。所以，卫生间才是最

**应该讲究"美观收纳"的场所，不是吗？**

如果卫生间里有一个放备用品的柜子，那就问题不大。总的方针就是把东西都收纳在柜子里，然后，在摆放的过程中要以"就算让别人看到里面的东西也不会尴尬"为宗旨。在墙上支杆子挂东西的时候也要遵循同样的原则。

首先要收纳的就是厕纸。厕纸只要放进箱子或柜子里就好，带着包装放进去也没什么问题，不过，如果只剩下几卷，包装袋就会松松垮垮的，占据太多空间，所以把厕纸取出来直接存放会显得比较清爽。如果因为厕纸囤了太多而无法全部放进柜子里，也可以把它们跟其他"消耗品存货"一起放在别的地方。

接下来是空气清新剂和清洁用品。瓶颈上印有"除臭"两个大字的标签当然要马上撕掉，除菌布和洗涤剂的包装也要全部剥掉。卫生间用品的包装大多比较花哨，把包装撕掉后放在柜子里看起来会比较和谐一些。只是有些情况除外，比如家里有孩子的，为了安全起见不能把包装撕掉。此外，使用频率较低、需要确认使用方法的管道疏通剂等物品也不要把包装撕掉。

最重要的是生理用品的处理。严禁将生理用品放在店铺提供的塑料袋里，再连同塑料袋放入收纳柜。此外，即使是放在柜子里，也绝对不能直接露出外包装。就算家里全是女性，自己的生理用品也不能让别人看到，这一点请务必注意。

**收纳生理用品最好的方法是把它们放在藤条箱或自己中意的箱子里。**严严实实地装在购物袋里也是值得推荐的方法。这样就能尽可能地缩小占用的空间，非常适合收纳空间有限的独居人士。也可以用自己喜欢的店家的袋子来装，不过最好不要选择会沙沙作响的袋子，而是要选择质地柔软的，这样用的时候就不会产生不必要的噪声。

如果是一家人集体生活，卫生间里的收纳空间就更小了，那就把生理用品存放在衣柜等属于自己的私人空间吧。

至此，卫生间的收纳基本结束。说实在的，卫生间的整理难度并不大，只要能找到合适的袋子或箱子，真正整理起来顶多也就花个十分钟。**卫生间里的东西本来就不多，与其说是"整理"，不如说是"打造一个令人怦然心动的卫生间"，所以，卫生间是一个让整理工作事半功倍的地方。**

那么，接下来就到了添加心动元素的环节了。对空间狭小的卫生间来说，只需稍微加一点装饰就能让氛围发生戏剧性的变化，所以，如果只是漫不经心地做一些物品的收纳，那就太浪费了。

首先要做的，就是把现有的装饰品再检查确认一遍。每年都会习惯性地贴上去的年历、九九乘法表、成堆的根本不会去看的书……出现在厕所里的这些东西真的都让你心动吗？

**从根本上说，卫生间是污秽"排出"的场所。正因为是一个百分之百"排泄"的场所，像文字信息这样"吸收"的物品是与其完全不搭调的，所以还是不要放进来比较好。**

相反，直觉上能让自己心动的东西要逐渐添加。

点上熏香，点缀上鲜花、画作或杂货，用大块的布代替壁纸贴起来，蹭鞋垫或是马桶圈垫也可以挑选自己喜欢的花色，让卫生间沾染上自己的气息。

平时去主题公园或餐馆的时候，如果那里的洗手间的布置与主题环境十分吻合，你是不是会觉得很开心？举个例子，在一家夏威夷风格咖啡馆的洗手间里，门上装饰着木槿和夹竹桃的花束，墙上贴着绘有椰子树和草裙舞女郎的夏威夷风明信片，洗脸台上摆着小花瓶，整个洗手间里弥漫着椰子的甜甜香气……这样的洗手间，人只要一走进去就会怦然心动吧！

如果你或你的家人有很明确的喜好，手头又刚好有可用来装饰的小物件，那么不妨挑战一下这样的"怦然心动的主题乐园卫生间"。一般来说，待在卫生间里的时间都很短，所以再怎么心动也不碍事，这也是卫生间的一个很棒的属性。

　　"不，我希望我家的卫生间普普通通的就行了。""我喜欢简单一点的风格。"如果是持这种态度的人，请按照自己的喜好酌情调整心动物品的数量。

　　**如果是干湿不分离的卫生间，尤其还有浴缸的话，要记住"清洁感是生命"，把防止出现水垢和霉菌放在首位。**把用过的东西物归原位，消耗品都收在壁橱或储藏室里，选择一些防水的招贴画来做装饰，可以轻松打造心动空间。

　　**显而易见，勤打扫是保持卫生间心动感的不二法门。**除了清洁刷和清洁用垃圾箱外，尽可能不在地面上放置其他杂物。

## 男性的鞋子放下层，
## 女性的鞋子放上层

向来以"整理变态狂"自称的我，一进到别人家的玄关说"打扰了"的同时，就能把这户人家壁橱的情况猜出八九分。

门口水泥地上挤得满满当当的鞋子，装满旧报纸的袋子，鞋柜上随意丢着的钥匙、手套和快递单……

曾经有顾客说："家里的玄关不能用。"于是我不得不从后门进入他家。进入房间之后，我到玄关处看了一下，那里堆满了装有衣物或书本的瓦楞纸箱，简直就像一个仓库。不用说，这样的人家，其他空间也堆积得像仓库一样。虽然这样的例子有点极端，但玄关脏乱差的人家是不会有一个整洁的房间的，这是颠扑不破的真理。

玄关乍一看挺整洁，但如果空气中弥漫着一种说不出的沉滞感，那么这户人家的壁橱里也一定塞满了各种东西。

**所以，整理玄关时一定要注意通风。**

我在考虑家里整个环境的清洁时，会比较注意通风路径这回事。确认经由玄关进入的风会通过家里的哪些地方，在这些通风的地方不要放置杂物，这是铁则。

**玄关堆满鞋子，一片乱糟糟的，这样的环境会让整个家都显得沉闷。**

所以，我建议大家尽可能不要在门口放任何东西。当天穿过的鞋子可以放在门口通风，记得顶多一人一双。当然，婴儿车这种必须使用一段时间的物品，是可以暂时性地摆放在玄关的。

鞋子的收纳方法无非两种：一是把鞋子直接排列在鞋柜里，二是把鞋子装进鞋盒后排列摆放。如果鞋柜的隔层足够多，我比较推荐直接摆放的方法。因为鞋盒里通常会塞一些填充用的纸团，这样会白白占用不少空间。出于收纳能力的考虑，赶紧把鞋子从鞋盒里拿出来吧。

不过，当在一只鞋盒里放入不止一双鞋子时，鞋盒收纳是十分有效的。采用这种方法的时候，被压缩的空间会导致鞋子挤压变形，所以只有不怕变形的鞋子才能使用这个方法。像沙滩拖鞋这样较薄的鞋子，一只鞋盒里可以收纳两双。

收纳的基本法则就是缩小物品体积并利用垂直空间。由于鞋子的体积很难压缩，所以只能利用收纳场所的垂直空间来优化收纳了。是收纳用品大显身手的时候了！Z字形收纳可以把鞋子上下错开摆放，有效利用鞋柜的垂直空间，加倍提升收纳能力。如果是成员较多的大家庭，空间怎么都不够用，可以试试这个方法。

鞋柜收纳的关键是要有"直线上升的心动感"，基本的规律是摆放物品的重量从下至上逐渐减轻。首先，要划分出每个人专属的使用空间。男性的鞋子在下，女性的鞋子在上，如果家里有小孩，那么小孩的鞋子放在最上面（如果孩子太小，还够不到最上层的高度，可做适度调整）。如果每个人都有几层空间可用，就把浅口鞋、基础款皮鞋等放在下层，凉鞋等放在上层。

**由于玄关要尽可能地保持清爽，没有多余的东西，所以在添加心动物品时有一个铁则，那就是"只选择自己最喜欢的一样东西"摆放在那里。**

如果想同时摆放几样小玩意儿，可以将其收在垫了布的小盘子里，让它们看起来是"一个整体"，这样就不会给人散乱的感觉。

与其用大量心动物品装饰玄关，不如多花些心思在通风环节的处理上，这样更能营造出舒适的玄关氛围。

点缀上满眼的心动物品这一招，还是留到装饰其他房间时再用吧。

## 理想的收纳能在家中
## 架起一道彩虹

麻理惠式整理收纳法讲究的是一个"正确的整理顺序"。这话大家可能已经听得耳朵都快长茧了吧。

所以，要先按照衣物、书籍、文件、小物件、纪念品把物品分成五大类，然后依次进行心动检查。

关于书籍和文件的整理，只需参考我在上一本书中介绍的方法，在这里就不再做详细说明了。只是想另外补充一点小建议，那就是在对书籍进行整理时，请务必把所有的书都从书架上清空，将它们堆在一起后再做整理。那些嚷嚷着不管怎么整理书都没法变少的人，绝大多数都没有采用这个方法。

另外，文件类整理的黄金守则是"全部丢掉"。当然，那些扔不得的、有明确理由留下的合约、收据等文件自然还是要好好收起来的。

这里就从一般家庭都有的物品当中选出较具特色的，一一说明收纳方法。

收纳其他小物件时，只要遵守"分类收纳"这项基本原则就可以了。

除了"文具类""线缆类""药类""工具类"等常规分类之外，可依照个人需求创造出一些新的分类。

例如，如果你是喜欢画画的人，就可以新辟出一个"绘画用具类"。又比如，某客户非常喜欢收集便笺，已经收集了足足两大抽屉，所以单独辟出了一个"便笺类"。

"我既喜欢书法，又喜欢缝纫，还喜欢自己做首饰……因为兴趣广泛，各种各样的小工具实在是太多啦。"如果你是这类人，不如干脆把这些工具全部整理到一起，归为"兴趣爱好工具类"。

"洗涤剂、海绵之类的存货太多了，无法全部收纳在厨房或卫生间里。"在这种情况下，把所有的存货都集中在一起，整理出一个专门的"消耗品存货"抽屉，收纳在衣柜或壁橱的一角，也是常用的方法。

像这样按照自己的需求完成分类后，最后就只剩下一个关键步骤：**种类和性质相近的物品要放在一起收纳。**

比方说，与线缆类相近的有"散发电器气味"的电脑周边用品，与电脑周边用品临近的又有"与电相关"的数码相机。当然，想法因人而异，也有人会把属于"每日用品"的文具看作与电脑属性相近的物品，从而放在一起。

像这样反复进行"联想游戏"后，性质相近的物品就会渐渐聚拢到一起。

所有物品都有一个属于自己的明确分类，但同时又有与其他物品重叠的部分，相互间有丰富的层次关联。

根据自己的感觉对这种关联进行感知和探索，把属性相近的物品聚拢到一起，这样一来，物品的层次就会变得越发鲜明。

**收纳，能够在你的家中架起一道美丽的彩虹。**

就像彩虹的色带一样，按物品分类时，就算有些东西分类暧昧、模棱两可也不必担心。

从终极目的来讲，只要能做到对何物置于何处有个清楚的把握，不管是人还是物都处于自然的状态，这就是理想的状态了。**不管怎样，凭借自己的感觉做出"该放在这儿"的判断，是目前最正确的收纳方案。**在思考物品分类和收纳场所时，很重要的一点是千万不要思虑过度。挑选出自己的心动物品，剩下的只要轻松继续就好。

**我可以充满自信地说："这世上没有什么比做收纳更**

让人享受的了。"

挑选自己的心动物品，然后一边体会物品的内在联系，一边做收纳。可能说法上有些暧昧，但这确实是最自然、最能打造出完美居家环境的方法。对此，我深信不疑。

说到底，所谓的整理，是一种让你家里的环境变得更接近自然状态的作业。

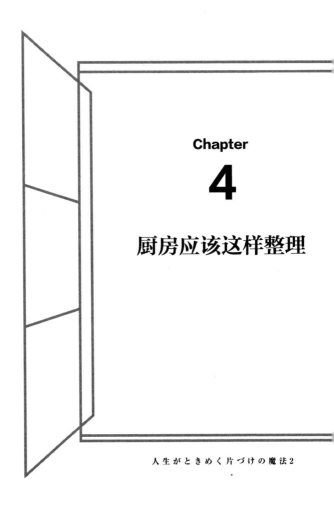

Chapter

# 4

## 厨房应该这样整理

人生がときめく片づけの魔法2

## 不能以"随手可取"作为
## 厨房收纳的理想状态

"厨房里一团糟，用起来很不顺手啊。"

为厨房问题头疼不已的H女士和丈夫、两个女儿一家四口住在一套三居室公寓里。约两块榻榻米大的厨房用一句话来概括，就是"灰蒙蒙的一片"。

水槽里还堆放着早饭后没来得及洗的碗筷。水龙头旁边用吸盘挂着一只小篮子，里面放着洗洁精和海绵，海绵还吧嗒吧嗒地滴着水。往右手边看，几乎占据了料理台大半空间的沥水篮里，各种餐具层层叠叠，简直就像刚办完一场家庭派对。

"这个沥水篮已经变成盘子的根据地了啊。"H女士苦笑着说。

此外，洗碗时飞溅出来的水滴干掉之后形成的水渍日复一日地重叠，使得整个水槽看上去白花花的一片。

再看一下靠里一些的煤气灶。放不进柜子里的平底锅平时都是直接放在灶台上，旁边是装满各色粉末状调味料的调味盒。盒子前面排列着酱油、料酒等瓶装调味料。从正面看，用来遮挡油污的银色挡板几乎已经到了快要"牺牲"的地步，上面黏糊糊的全是油渍。

"厨房里的气味太重了，我很烦恼……我希望可以变得清爽一点吧。"

仔细一问，原来 H 女士每天都专注于做菜，却懒得把用过的餐具和调味品物归原位，久而久之，厨房变得油腻不堪，所以她只要一走进厨房就感到无比厌烦。

我个人倒是觉得其实没有必要非要把家里的厨房整理得清清爽爽、井然有序，颇具生活气息的厨房反而有一种情趣。就像有些美味的拉面店里，店面装潢也许并不很讲究，但是老板每天都乐呵呵地做面给大家吃。**家里的厨房也是一样，只要厨房环境能让做饭的人感到舒服就足够了。**

那么，能让做饭的人感到舒服的厨房到底是怎样的呢？

当我把这个问题抛给客户们的时候，得到的回答大多是这样的："总是一尘不染的。""要用的东西总在手边。""系上中意的围裙，用自己喜欢的炊具做饭。"

　　针对第三个回答，只要买足装备就能够解决，所以暂且放在一边不做讨论。剩下的两个回答中，前者属于打扫卫生的范畴，并不是整理的问题，所以，能靠整理解决的就只剩下"要用的东西总在手边"这一条了。

　　可是，这完全就是一个错误的想法。

　　当然，我本人也一度在整理厨房时疯狂追求物品取用的便利性。

　　看完杂志的厨房收纳特辑后，我立刻在墙上装好挂钩，然后把炊具一一挂上去，或者模拟做饭的场景，用手臂丈量，以调整调味料的摆放位置。这么做的结果就是几乎所有东西都摆在收纳柜外面。

　　虽然"要用的东西总在手边"从便利性上来说的确不错，但是那些放在外面的物品很容易蒙上油污或是溅上水渍，使厨房整体看上去脏兮兮的，一点都不会让人感到心动。

## 厨房收纳的目标是"容易清理"

要问"要用的东西总在手边"这个观念到底从何而来，好像绝大多数人的脑海中都会浮现出餐馆或咖啡馆后厨里主厨忙碌的景象。

为了探索做到厨房里"要用的东西总在手边"的秘密，我曾经特地跑到一家餐馆的厨房里一探究竟。我特别拜托了餐馆的人，让我在午餐与晚餐之间的歇业时间悄悄潜入厨房进行观察。于是，我穿上围裙，戴上头巾，随身带着相机和笔记本，准备认真观察、记录。

内行人士到底有怎样的独门绝技呢？我怀着巨大的期待走进餐馆的厨房，结果却大失所望。

餐馆厨房的整个料理台都是不锈钢的，碗、勺子、锅等基本厨房用具全都分门别类地有序摆放。除此之外，再看不出有什么我所期待的收纳"独门绝技"。我仔细一想，餐馆的话，不管是意式的还是和式的，调味料和炊具大致是固定不变的，不会额外多出一些东西来。而且，商用厨房通常会在靠近天花板的地方或是墙上安装开放式棚架，用途和目的与家庭厨房截然不同。

"唉，几乎没有参考价值。"

正当我失望地在料理台旁边蹲下身子时，厨师们一个个回到了厨房里，似乎是晚餐的时间近了。为了不影响他们工作，我赶紧躲到厨房的一角，有意无意地看着他们操作。就在这个过程中，我有了一个重大发现。厨师们在做料理的时候，的确是出手迅速，不过，人家的迅速不是体现在取用炊具这件事上，而是及时擦拭料理台和水槽。

料理台也好，水槽也好，每次用完后都用抹布快速擦干净，然后再进行下一个步骤。每次用完平底锅就用刷子把残留的油水冲刷干净。在结束一整天的工作后，把所有的水槽、煤气灶和四周墙壁都快速擦拭一遍，才算正式收工。**当我向厨师长询问厨房整理的要义时，他只回答了一句：**"**要说厨房的整理，其实就是针对水和油的清洁工作。**"

那之后，我又潜入其他几家餐馆的厨房观察，结果也是一样。**厨房便利与否，关键不在于收纳，而是清理的容易程度。**

　　在意识到这个问题后，我暂时不去管东西好不好拿，而是努力地将所有清洁剂与调味料收进收纳柜。

　　也许有人会问："如果这样，柜子里会挤得密不透风，取用东西会很不方便吧？"这种担心其实完全是多余的。

　　在我的客户里面，绝大多数人的厨房都是乍一看非常清爽整洁，一旦打开柜子门，就会发现里面的东西塞得满满当当。取用锅具时，往往需要先把叠在上面的锅提起来，再从下面抽出要用的锅来。即便如此，我问他们"会不会觉得麻烦"时，大多数人都会说："说起来，这样的拿法还真没觉得有什么不方便。"

　　"岂止这样，我现在还会在每次用过之后就把灶台抹一遍，我自己都感到难以置信啊。与其说打扫变得简单了，不如说是自己变得喜欢打扫了。"还有客户笑着这样告诉我。

　　**不可思议的是，当你身处干净整洁、容易打扫的厨房里时，就算要从柜子里取用需要的物品也丝毫不会感到费劲。**

　　也就是说，要打造一个快乐厨房，首先应该把目标放在便于清理这个点上。要实现便于清理，最基本的是做到在水槽和灶台四周不放置任何物品。以此为前提思考厨房的收纳方法，就能打造一个令人惊喜的实用厨房。

当然，如果厨房里的料理台十分宽大，在水和油溅不到的地方放置物品还是可以的。

"厨房里什么东西都不放，这种状态也只有单身人士才能实现吧。"也许大家会这么想。但我的客户群体里几乎一半是已经有孩子的主妇，这些人在开始整理厨房前都会说"什么东西都不放的厨房在我们家是绝对实现不了的"。

所以，没什么需要担心的。只要肯花心思，任何人都可以做到。

**说起来或许有些难以置信，我的整理课会指导大家"洗涤剂和海绵不要放在水槽四周"，而是要放在水槽底下或是水槽下面的收纳柜里。虽然一开始会觉得麻烦，可是一旦习惯了这个方法，就再也不会把洗涤剂或海绵放在水槽周围了。**

此外，由于大多数人都不会对厨房里的垃圾桶产生心动的感觉，所以最好把它收起来。

如果能整理出一块收纳空间，那就二话不说把垃圾桶放在水槽底下。把垃圾桶放进橱柜里的法子不仅适合单身居住的人士，就算是与家人同住的读者也可以试试看。

最后要处理的，就是放在水槽里、可过滤厨余垃圾的过滤网。

　　说实话，我开始一个人生活的时候，并没有在水槽里安放过滤网。由于没有过滤网，也就不会产生厨余垃圾发臭的情况。但是，在日本，并不是每个人都住在二十四小时都能随意丢弃厨余垃圾的公寓大厦里，一般人只有在每周两次的统一清理可燃垃圾时段才能丢弃厨余垃圾。

　　那么，厨余垃圾该如何处理呢？我的方法是把它们放进冰箱里冷冻起来。在冰箱冷冻室辟出一个角落，专门用来存放沥干水分的鸡骨头、果壳、果皮等，等到可燃垃圾回收日再将其拿出来丢掉即可。我的这个办法是受了母亲的启发，她以前就是用冷冻的方法来防止鱼内脏发臭的。

　　也许有人会对"把厨余垃圾和食物一起放在冰箱里"感到抵触，其实大可不必。因为厨余垃圾在腐烂前就已经冷冻了，不会对食物造成任何影响。如果觉得装在垃圾袋里看起来太恶心，那就选择用棕色的纸袋子来装，严严实实地装在塑料密封盒里也是一个不错的办法。

## 最后做厨房整理，
## 才能顺利实现整理目标

"不管怎样，请先教我厨房的收纳法吧。"

你是不是也有过这样的想法？或许还有人会一手捂着胸口，在心中默念："啊，这就是我要做的！"

**其实，我的经验是，那些嚷嚷着要先从厨房开始整理的人大多连自己的衣服都整理不好。**

当然，你也可以在整理衣服的同时，每次使用完厨房就丢掉不用的物品，或是顺手整理一下抽屉里的餐具。**不过，作为节日活动，整理的真正意义就是留下让自己心动的物品，之后再一口气完成厨房整体的收纳作业。如果不这么做，大多数人都是要受挫的。**

之所以这么说，理由有两个，第一个是关于心动判断力的。在培养出判断心动程度的能力之前就毛手毛脚地开始整理小物件的话，就等着接受悲剧的结果吧。厨房里的小物件种类尤其多，一次性整理需要花费一定的时间。很多人在整理过程中会变得不知所措，在挑选心动物品的时候会犹豫不决，这样一来，整理就很难继续，等自己回过神来的时候已经是半夜两点了。面对着摆成一堆的餐具、炊具和调味料等，很多人都只能默默呆立，束手无策。

只有按照衣物、书籍、文件这样的顺序进行整理，不断提高自己的心动感知度，然后再进行厨房小物件的整理，才能顺利实现集中整理的最终目标。

"圆勺啊，汤匙啊之类的能让人感到心动吗？"也许有人会这么想。其实，只要按照我说的顺序进行整理，在生活中好好对待没有被淘汰的物品，久而久之，就算是看到完全是实用性的物品，你也会脱口而出，说"我喜欢"。

另一个理由就是，这样就不会买过多的收纳用品，造成浪费。

厨房要用到各种大小不一的器具，是单位面积用到的收纳用具数量最多的场所。尽管如此，之前我参观过的厨房绝大多数都没有配备足够的收纳用具，一直都靠整理前就有的柜子、架子勉强凑数。

如果你试着将收纳文具的整理箱和放在壁橱里使用的

钢架摆进水槽下方，你会不由得感叹："啊，这玩意儿简直就是为放在这里而生的！"将现有的东西运用在其他场所的收纳上，这是一种幸运的巧合，也是实践麻理惠的整理魔法才能享受到的快乐。如果只是一味地买进新的收纳用具，就没有机会感受这种快乐，这其实是挺遗憾的事情。

当然，刚开始一个人生活的时候，或是家里没有任何收纳用具或家具的时候，必要的用品还是要买的。此外，有些客户在完成厨房的收纳之后，改用了更令自己心动的收纳用具，这也是可以的。

## 整理厨房时要区分"水"和"火"

接下来要讨论厨房的整理方法。

**首先要明确的一点是，我们并不是在整理"厨房"，而是在整理"厨房小物件"。** "不是按场所类别整理，而是按物品类别整理"是麻理惠整理魔法的重点之一。也就是说，开始整理厨房小物件的大前提是，先完成对衣物、书籍、文件的整理。诚如上一节中提到的，先将厨房小物件以外的小东西整理好，是最理想的状态。

**说实在的，厨房的整理没什么难的。** 不过，厨房小物件是类别最多的，因此，先整理完家里其他的小东西，让周边区域变得清爽整洁之后，才能心平气和地开始厨房的整理工作。

具体的整理顺序跟之前介绍过的顺序一样，先把属于同一种类的物品归集在一处，然后从中挑选出心动物品留下，其余的都扔进垃圾桶。

**厨房小物件主要有三类，分别是"吃饭工具""做饭工具"和"食物"。**

对独居人士来说，基本的做法就是对"吃饭工具"（碗筷刀叉等餐具）、"做饭工具"（烹饪用品）和"食物"（食材及调味料）进行心动选择后，把筛选出来的物品集中到一起，一次性完成收纳。如果是全家人住在一起，物品总量比较大，在有餐具柜的情况下，可以先对"吃饭工具"进行筛选，把要留用的餐具收进餐具柜。然后对"做饭工具"和"食物"也分别做相应的筛选，利用厨房里剩余的空间收好。把料理分成"吃"和"做"两种情况来处理也是一个不错的方法。

在这里，最关键的一点仍旧是先完成"丢弃"这个动作。为了能一次性完成筛选，要把所有的"吃饭工具""做饭工具"和"食物"取出来，放在一起——顺便说明一下，这里说的"食物"主要指调味料和做菜用的干货、罐头等，不包括需要用冰箱保存的食材。

在对所有的物品进行筛选后，在厨房里所有的收纳用具都被清空的情况下，把物品分类存放好。

说到厨房的收纳，很多人只会注意抽屉里的收纳技巧，

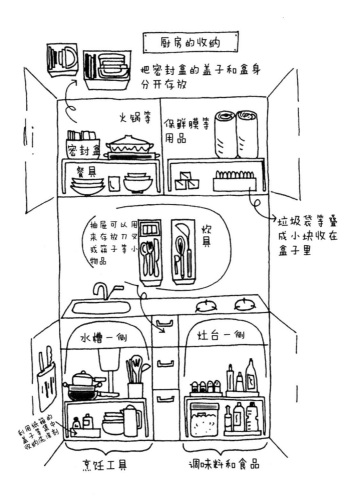

厨房的收纳

把密封盒的盖子和盒身分开存放

火锅等

保鲜膜等用品

密封盒

餐具

抽屉可以用来存放刀叉或筷子等小物品

炊具

垃圾袋等叠成小块收在盒子里

水槽一侧

灶台一侧

利用纸箱的盖子等集中收纳的洗洁剂

烹饪工具

调味料和食品

但一开始请务必从厨房的整体空间来思考。

**一般来说，厨房里的收纳空间大致可以分为三处：水槽下方、灶台下方及其他地方。**其他地方包括安装在厨房墙面上的橱柜、抽屉或餐具架等。这三处空间最大的差别在于，第三处是指由柜子与抽屉组成的"收纳空间"，而前两处更有宽敞无拘束的"空间感"。这是厨房收纳空间的一大特征。

利用收纳空间时有一条铁则，那就是从空间大的开始使用。所以，正确的厨房收纳应该先从水槽下方和灶台下方的空间开始考虑。

坦白说，只要把物品分类这件事做好，接下来依自己的需求把东西收在适当的地方即可。在这里，姑且把我自己的收纳方法向大家做一个介绍。

**水槽下方用来收纳炖锅、平底锅等炊具，灶台下方用来收纳调味料和食品。**

"可是，平底锅之类的最好是要用的时候马上就能拿出来，这样的话是不是放在灶台下面比较方便呢？"也许很多朋友都会这样想，事实却恰恰相反。

那些餐馆暂且不说，单说我们在家里做菜时，也不会要求自己在几秒内就拿出平底锅。话说回来，做菜过程中最紧张的难道不是往菜里加盐或料酒等调料的时候吗？

"不对，水槽下面和灶台下面本来就是一个相通的空间，所以感觉不管放在哪边都是一样的……"我曾经有过这样的想法，但是事实上，这两个空间的差异远比我们想象的要大。水槽是用水的地方，因此下方会透出一股湿润的气息；而灶台是用火的地方，灶台下方散发着火气和油气交织涌动的燥热气息。

**在上整理课的时候，我强调过，不管是壁橱还是柜子，只要收纳场所是空的，就把身体（或者只是头部）探进去，呼吸一下里面的空气，确认适合存放什么物品。**水槽下方的空间比起灶台下方来多少还是要潮湿一些，所以，像干货这种怕潮湿的食品，以及食盐、砂糖这类调味料，还是避开水槽下方的空间比较好。

这一点，我在后来学习阴阳五行学的时候从某些描述中得到了印证，大吃一惊。按照五行学说，厨房水槽下方的空间属"水"，灶台下方的空间则属"火"。

以上只是我的个人经验，其实在绝大多数的厨房里面，水槽下方的潮湿感要远比灶台下方的火气来得明显。

所以，如果收纳空间实在有限，只能把炊具放在灶台下面的话也没什么问题，**只要避免把怕潮的调味料或干货收纳在水槽下方就行了。**这是我的个人观点。

水槽和灶台下方空间的收纳，重点在于如何利用垂直高度。最近有不少人家在装潢的时候把钢架做进去了，这当然很好。如果没有这样的装备也不要紧，只需把集中整理时空余出来的收纳用具利用起来就好。当然，也有收纳用品爱好者为此特地去买一套新的来用。

如果需要收纳的物品很多，与其将物品按使用频率分类，不如直接按照物品的高度来粗略划分，这样更有利于避免混乱。像砂锅、火锅这样使用频率较低的器具显然应该存放在橱柜的上层，这是惯例。

## 把雪藏的餐具堂堂正正地
## 拿出来使用吧

　　以前，我们家五口人在一起生活，碗柜里总是密密麻麻地挤满了餐具。料理台的架子上和冰箱旁边的柜子里，甚至连走廊上的储藏室都有一半的空间用来摆放餐具。

　　在学生时代，我总是忍不住想要把这些餐具高效地收纳起来。为了不影响妈妈做饭，我会瞅准时机，在凌晨四点偷偷溜进厨房里，穿着睡衣，踩在水槽边缘，把头探进放餐具的橱柜里，把里面的碗碟重新排列。可惜总是收效甚微。

　　**那么，换个法子，像收纳其他小物件那样试试直立收纳法如何？于是，我又尝试了能够让餐具直立起来存放的收纳用具，结果失败得一塌糊涂。**由于碗碟之间留出了不必要的空隙，原先能够全部放进去的餐具反而放不下了。我意识到，在一大家子人一起生活的情况下，几乎不太可能一次只拿一个盘子，往往是一次拿取好几叠在一起的盘子。因此，把碗碟叠在一起收纳会更有效率。

这样一来，最大的问题是否出在餐具的数量上？于是，我再度审视餐具，结果发现了一大堆不对劲的地方。

明明我家的餐具数量都快赶上餐厅了，但是每天出现在餐桌上的总是同一批。**也就是说，日常使用的餐具都是以从不知什么推广活动上收集来的带有厂商商标的碗碟为主，而亲朋好友赠送的稍微高档一些的和式餐具套装或茶具套装都原封不动地躺在包装箱里，被束之高阁。**

我追着母亲喊："把那个拿出来用嘛。""老是不用，是不是不要了啊？"得到的回答却是："那是给客人用的。""要等好日子再用。"话是这么说，可是过去的这一整年里，家里没有来过一个客人啊。

结果，我家的碗柜都要堆成餐具仓库了，我仍旧束手无策，只能默默感叹："我们家为什么会这样呢……"

不过，当我开始从事整理这份工作之后，我马上发觉："并不只有我们家是这样的情况，很多家庭里都存在着同样的问题。"

站在客户的立场上看，不彻底的整理反而会产生负面效应，因此要彻底丢掉无法让自己心动的餐具。**把之前一直在用的赠品餐具通过义卖或别的法子处理掉，然后把雪藏的成套餐具拿出来，堂堂正正地用作日常餐具。**

有些人担心地说："这么高级的东西，日常使用的话很容易摔坏吧，不太放心呢。"但是他们很快就觉察到，每天都使用心动餐具会给自己带来无穷的快乐。而且，你试过就会发现，好的餐具在日常使用的时候其实并没有那么容易摔坏。

**对送餐具套装的人来说，看到你把他送的餐碟拿出来用，肯定要比看到它们被束之高阁更高兴。**

如果有人还是因为"每天使用高档餐具不太妥当"而犹豫的话，那就先把封在箱子里的餐具拿出来透透气再说。

至于重要节日才使用的漆器套盒，或者吃荞麦面时用到的竹笼，这类每年一定会用到一次或者用途明确的餐具，放在盒子里也没关系。但如果是普通的餐具器皿，一旦收进箱子里就会常年不见天日，再也没有拿出来使用的机会了。而且，用作送礼的包装箱里常常塞满了瓦楞纸等填充物，这实在是浪费收纳空间。再说，放在盒子里的餐具组合中，很可能掺杂着无法让你心动的物品。根据我的经验，将餐具从盒子里拿出来放在柜子里，不仅节省空间，还能打造出整洁清爽的餐具柜。对了，**装碗碟的空箱子非常适合用来当收纳用具。**尤其是那些瓷碗、玻璃制品的礼品包装箱，特别结实，外形美观，尺寸也是不大不小刚刚好。

可以把调味料放进箱子里，也可以把干货保存在里面，还可以把荞麦面和乌冬面等干面条直立着放进去。除了收纳厨房用品之外，这些箱子还可以代替那些用起来不大顺手的收纳箱，用来收纳药品和电线等小物品。还可以把它们放在壁橱里，用来装手套或随身物品。总之，餐具套装的包装箱是一位有无限利用可能的选手。

**"别人送的东西拿出来用可真是浪费。"**其实，这种观点才是真正糟蹋东西。哪些是该光明正大地拿出来用的，哪些是该丢掉的，请大家做一个明确的决断。

在挑选出自己喜欢的餐具后，终于可以开始收纳了。

充分利用空间收纳的秘诀就是"缩小物品体积，利用垂直高度"。缩小体积方面，能折叠的尽量折叠起来，或者丢掉多余的填充物和外包装。不过，像餐具这样坚硬又占地方的东西，想要缩小体积，从物理属性上来讲是办不到的，所以，就只好尽可能利用垂直高度来解决问题。

在餐具的收纳方面，巧妙利用垂直高度的方法有两种，一种是平时我们常用的摞起来摆放，另一种是增加柜子隔层。如果是普通高度的碗柜，只需像平时那样把形状、大小相近的碗叠起来摆放就大功告成了。如果隔层上方还有多余的空间，不妨试着增加隔层，或者利用"多余的收纳用具"，一般常用的是带脚的简易架或不锈钢双层收纳架。总之，在你手忙脚乱地打算特地去买个新收纳用具之前，我建议还是先尽可能地把碗碟叠起来摆放——当然，要保证在安全范围内。

我之所以如此建议，是因为很多人在完成心动挑选后就将碗碟叠起来摆放，哪怕用的时候要先移开上面的再拿下面的，也不觉得麻烦。所以，没必要特地去买新的收纳用具来装这些东西。

总而言之一句话，将套装的餐具从箱子里拿出来，堆叠收纳在碗柜里，每天使用令自己怦然心动的餐具。如果做到这三点，你就能享有怦然心动的用餐时光。

# 让刀叉、筷子等餐具享受 VIP 待遇

　　很多人问我如何收纳碗碟，却几乎没有人问我该如何收纳刀叉、筷子等餐具。事实上，它们才是厨房小物件中最应该享受 VIP 待遇的群体，可惜很少有人知道这一点。

　　刀叉、筷子等餐具的收纳法主要有两种，一种是直立着插进筒状盒子里，一种是躺在扁平的柜子里。如果厨房里没有抽屉，又想节约收纳空间，最好采用"直立收纳"的方法。一般来说，就是把刀叉、筷子插进多余的杯子里，然后放在碗柜中或水槽下面。

　　经过彻底挑选，留下了心动物品之后，假如厨房腾出了足够的收纳空间，**我建议首先为刀叉、筷子等 VIP 级别的餐具留出适合的位置**。除了食物和牙刷以外，餐具也会入口，因此必须得到细心呵护。而且，比起牙刷来，餐具

工作的时间更长，在工作中要不停地搬运食物，在餐盘、口腔之间往来，简直让人担心它们会不会"往返跑"跑到头晕，再加上外形纤细脆弱，所以一定要尽可能让它们在休息时可以好好放松，彻底消除疲劳。

**最理想的收纳方法是，把筷子、汤匙、叉子、刀按种类分开，让它们躺进大小合适的餐具盒里。**至于餐具盒的选择，我想，比起塑料材质，藤条等天然材质更合餐具的口味。

"厨房里实在是太挤了，只能放下两个餐具盒！"

如果遇到这样的情况，至少要做到把餐刀和筷子、勺子分开存放。我总觉得，筷子与锋利的餐刀放在一起会被劈得很惨，勺子看到筷子被劈的惨样，一定会吓得脸色发青、浑身发抖，并且坐立不安。所以，除了餐叉能结结实实地抵挡住餐刀的锋利，跟它放在一起，筷子和勺子还是离餐刀远些为妙。

如果你是独居人士，家里的餐具没有多少，那么，用薄手帕或手巾把餐具盒里的餐具隔开来存放也是一种常用的方法。

顺便说一句，关于我所倡导的"VIP待遇"的判断标准，除了钱包这类显而易见的贵重物品之外，剩下的就是与自己的身体亲密接触的物品了。**总之，像内衣、筷子之**

类的直接接触身体重要部位的物品，要尽可能地给予"顶级待遇"。

　　一旦开始为餐具提供 VIP 待遇，很多朋友就会想要买各种筷子筒和餐具盒，接下来可能就会产生这样的想法："是不是该找找更漂亮的桌布和茶盘了呢？"渐渐地，餐桌上的心动元素越来越多，光是想想，就已经让人兴奋不已了吧？

# 厨房剪刀切忌"悬挂收纳"

像圆勺、锅铲这样的炊具是十分坚固耐用的，不管是炒肉还是熬汤，这些炊具都奋不顾身地投入到食物与烹饪厨具之间的激烈碰撞中。有别于筷子、刀叉、碗碟这样常常成对成套出现的餐具，这些炊具基本上在每户人家中都只有一个，所以往往比较独立，也比较有自己的主张。

**所以，收纳炊具时不必像对待餐具那么用心，最基本的方法只有两种：直立收纳与平放收纳。**在墙壁上安上挂钩，然后把炊具挂上去是个挺好的办法。不过像厨房剪刀这样的尖锐刀具如果挂在眼前的话，总会让人心生恐惧，好像随时会划伤脸一样。所以，厨房剪刀要避免"悬挂收纳"。另外，吊挂收纳的条件之一就是要选择不会被热油喷溅到的地方，所以到目前为止，我还没有遇到过一个客户是把炊具挂起来的。

如果选择直立收纳，为了避免炊具翻倒，请务必选择专用的收纳罐，或是放在水瓶等有深度且厚实稳固的容器里，并放置在水槽底下。

最常见的是抽屉收纳。炊具不像餐具那样需要细心收纳，一般只要直接放进抽屉就好。不过，罐头起子、量勺这样体积相对较小的物品一定要确保分开来摆放。

**我发现最近比较流行的整体橱柜经常会事先在抽屉里增加一些塑料隔断的设计。如果可以的话，建议大家尽量把这些隔断拿掉。**虽然这样的设计很贴心，可是隔断的塑料往往过厚，而且中间会多出一块莫名其妙的三角形空间，会导致空间利用率降低。

这种设计比较适合公寓式酒店那种抽屉里空荡荡的厨房，它能填满空隙，防止物品散乱。对一厘米的缝隙都要好好利用的家庭厨房来说，这样的隔断设计并不那么实用。

如果是租赁的房子，取出来的隔断没法丢掉，那就把它们放在柜子最顶上有空隙的地方，或者水槽底下的下水道后面那种隐蔽而又没法用来存放其他物品的地方。

# "烘焙工具"和"便当用品"的收纳法

念小学的时候，我对整理并未充满兴趣，那时的我迷上了自制糕点，整天沉醉于烤制茶糕、胡萝卜蛋糕之类的。即便到了现在，我看到心形或动物形状的饼干模型和蛋糕模型时，还是会变得毫无抵抗力，哪怕明明不会做，也忍不住把它们统统买回家。

不过，这只是在商店里遇到烘焙用具时才会发生的情况。当我在客户家里看到这些"烘焙用具"时，往往还没来得及欢欣喜悦一下，就先听到了它们的"惨叫"。大多数情况是，这些工具被装在印有超市名字的塑料袋里，扎紧袋口，塞进收纳柜里。不必说，这样的存放方法当然是不合格的。**一旦放进塑料袋里，里面的东西就呼吸困难，生命力变弱，瞬间失去了存在感。**之后的日子里，每当你

**打开柜子，一看到窸窣作响的塑料袋，就会下意识地把视线挪开，制作糕点的次数转眼间就减少了。**

糕点制作跟烧菜不一样，只有在有兴趣的时候才会去做。也就是说，与其说烘焙工具是炊具，不如说它是兴趣爱好物品更贴切些。而且，如果要给它安上一个性别，那一定是女。正因为它们属于心动物品，所以用塑料袋来装是万万不可的。

由于烘焙用具的使用频率较低，为了避免落上灰尘，可以用质感柔软的布袋装起来，切忌用那种印着超市名字、窸窣作响的塑料袋来装。

如果是没法装进袋子里的那种大家伙，那就像收拾碟子似的把它们摞起来放进柜子里。或者建一个"烘焙用具"的分类，把工具全部装进箱子，然后收纳在柜子里。

当然，要是能用自己心动的袋子来装就再好不过了。如果你有多出来的环保袋或者可爱的小箱子，这正是把它们充分利用起来的好机会。

另一类虽然很小却可爱得不行的东西就是铝箔杯、装饰叶子、水果签等点缀便当的小玩意儿。如果你是每天都做便当的人，那就在抽屉里专门辟出一块地方来摆放这些东西。如果你是一年难得做一次便当的人，那就把它们都收进箱子，放在柜子里。

　　除了便当盒里必须出场的东西，如果家里有小孩，或许还会有做便当时专用的小工具，比如各种形状的饭团模具，把卡通形象印在三明治上的工具，把海苔压成星星形或爱心形的切削工具，等等。这些工具也应该统一收纳，才能方便使用。

## 其他"厨房小物件"统统收进箱子就好啦

　　厨房里的布类物品主要包括"擦拭餐具和料理台的抹布等工具类布品"和"桌布等装饰类布品"两种。工具类的以棉布质地为主，只需叠起来直立收纳即可。

　　至于装饰类布品，可依实际情况折叠起来，或者卷起来，或者堆叠存放。如果你一个人住，厨房收纳空间较小，不妨在壁橱的"布质杂物"专区开辟一角，收纳厨房的装饰类布品，这样就将所有布制品集中收纳到一起了。

　　体积比较大的"密封盒类"最好不要在盖上盖子的情况下堆叠收纳，而是应该把盖子和盒子分离，尽可能把盒子按照大小套放在一起，这样才能节省空间。我建议大家把套放在一起的盒子以及盖子（直立摆放）一齐收进箱子里，然后存放在柜子里，要用的时候把整个箱子拿出来。

多余的密封盒盖子拿来用作厨房抽屉的隔板，也能发挥不错的效果。

接下来，还有一些很占地方的"有特定功用的烹饪工具"，常见的有寿喜烧的锅、石锅拌饭的石锅、华夫饼的模具、章鱼烧的模具、温泉蛋煮蛋器、切薯片器，还有搅拌机、榨汁机、拉面机、烤白薯罐、苹果去皮器、家庭烤箱、碎冰机、烤面包机以及核桃夹等。是客户们不同的厨房让我见识到原来这世上还有这么多各式各样的烹饪工具和家电用品。

"为了做早饭，每天都要用到榨汁机。"

除了这种情况，其实很多烹饪工具的使用率都不高。再加上放进取出多少要费点时间，所以把它们放在柜子的角落里或上层比较合适。

出场率较低的物品中，还有一位颇具代表性的选手，那就是在开派对或野外烧烤时用到的一次性筷子、纸盘、纸杯和纸巾这类的"一次性厨房用品"。由于这些东西常常是配套使用的，所以把它们一股脑儿地放进同一个箱子，然后摆进柜子里就 OK 了。

偶尔会有女性客户说："洗碗什么的最讨厌了，所以我吃饭的时候都是用纸盘子来装食物的。"这时，我总是忍不住要追问一句："你真的喜欢这样吗？"

　　为了避免偷懒而依赖一次性餐具，把它们放在不太容易够到的柜子顶层，或者干脆把它们全都扔了，也是可行的。

　　不管怎样，请不要忘记："整理的意义就在于让每一天都过得怦然心动。"

## 囤积的垃圾袋应该折叠起来
## 直立存放在盒子里

　　我相信很多人都有囤积超市塑料袋的习惯。

　　我之前尝试过很多收纳袋子的方法。在我爸妈家里，我把所有塑料袋都装在一个袋子里，然后把袋子挂在柜门的把手上。可是，这样一个圆鼓鼓的大塑料袋看起来极不美观，又给本就狭窄的厨房添堵，每次有人经过时就会发出沙沙的摩擦声，让人觉得心烦。

　　其实，我发现很多客户家里都是用这种方法来收纳塑料袋的。假如把最外面的塑料袋换成柔软的环保袋，效果就会截然不同。

　　只是有一个现象我百思不解：为什么大家都习惯把塑料袋打结收纳呢？

　　市面上有很多专门用来装塑料袋的收纳用品，例如一种形似睡袋的布质产品，从上端放入塑料袋，然后可以从下端像抽面巾纸一样把袋子抽出来。虽然这种设计还算方便，但总归还是有点占空间。而且，本来只打算抽一个袋子的，却很容易由于用力过大连带着又出来一个袋子。看着卷成一团的塑料袋掉落在地上，总觉得不舒服。再说了，这些塑料袋本来就是留着装垃圾的，现在却还要为了装它们特地买一个收纳用品，实在是有些不划算。

　　在某个客户的厨房里，我发现他们家用一个塑料袋收纳了大量的塑料袋。

　　"我们家有五口人，每天制造大量的垃圾，所以对塑料袋的需求量很大呢。"女主人这样对我说。可是，她家的塑料袋显然有些储备过剩了。我仔仔细细研究了一下这堆据说囤了有三十年的袋子，发现外层的塑料袋底部已经开始泛黄。我有一种不好的预感，接着把手伸进袋子里，从最下面抓出一只袋子来。

　　就在这个瞬间，类似柴鱼片末子的粉状物在空气中飘散开来。当然，不会有柴鱼片的那种香气，所以也不知道是塑料袋损坏后形成的粉末，还是积在里面的灰尘，总之，泛着酸味的黄色粉末纷纷扬扬地落在了地板上。

　　把所有塑料袋数了一遍，总共有二百四十一只。假设每天用四个袋子，那么连用两个月才能差不多用完。

囤积塑料袋时最大的问题就是囤得太多和占用空间过大。囤得太多是因为对数量没有一个整体的把握，而占的空间过大是因为袋子蓬松，里面有很多空气。**平时大家用得最多的"打结法"其实是最糟糕的方法，因为这样会造成体积过大，等到要拿出来用的时候万一结打不开又会白白地浪费时间。总之，这并不是一个好方法。**

我自己是这样保管塑料袋的：先把袋子摊平，折叠成小块，然后按照收纳衣服的方法把它们直立着放进盒子里。折叠的方法很简单，也不要打结什么的。**要点是一定要存放在盒子这样"坚固"的容器里。**至于盒子的大小，有纸巾盒的一半大就足够了，这样大约可以存放二十个塑料袋。我建议盒子的体积不要太大，如果是鞋盒那样大小，几乎可以收进两百个袋子，很容易导致囤积过多。如果真的利用鞋盒来装，可以顺便把其他用途的塑料袋也一起放进去。

说起来是小事，在整理厨房的抽屉时，也要像收纳垃圾袋一样，尽可能地使物品所占空间缩小，这样才能整理出理想的效果。

就以橡皮筋为例。不少人会把橡皮筋连同包装盒一起放在抽屉里，这样其实挺占地方的。用过一阵子之后，盒子里大半是空的。这时，如果把盒子换成空的果酱瓶之类的小容器，就能既美观又节约空间了。

像这样一点点减少收纳的物品，清理出更多空间，原本放在外面的东西也能够放进收纳家具里了。水壶、电饭锅甚至垃圾箱都能收进水槽下面的空间里，厨房就能焕然一新！

觉得"绝对办不到"的朋友，不妨以缩减体积为目标，改变收纳方法。我的客户里就有这样的例子，先是把装塑料瓶的垃圾箱放在水槽底下，可是太大放不进去，就换成装罐头盒的垃圾箱。经过不断尝试，客户意识到"回收罐头盒的垃圾箱根本用不着这么大"，于是干脆把垃圾箱拿开，直接把垃圾袋放在水槽下面。这样一来还有多余的空间，于是又把装塑料瓶的垃圾袋直接放在旁边。不知不觉间，地面空无一物的厨房就打造成功了。

**其实，轻松快乐地认真做收纳，在不断试验中找到最适合自己的方法，是一件十分值得期待的事。**

在做过这样那样的尝试后很快得到结果，并且随时可以调整，收纳真是集中整理过程中最有趣的游戏了。

## 只要用起来得心应手，
## 厨房满满当当也没有关系

有一件事情很重要，那就是希望大家千万不要觉得"如果厨房里的东西不减少，是没法整理出一个满意的环境的"。

**或许说起来有些矛盾，我认为厨房不一定要收拾得简洁、清爽。**

每次走在厨房用品的卖场里，我都会有一种说不出的兴奋感。炖锅、平底锅这些常见的炊具不断推出设计得很可爱的款式，并且有了更多可选的颜色。经过陈列着牛油果切片器或是牛蒡去皮手套这类创意商品的货架时，就算自己不是个擅长料理的人，不知不觉也会留下来多看两眼。

在这里偷偷告诉大家，有时我去客户家上整理课，客户会像电视购物般推荐："这个东西很好用哦！"然后向我热情介绍这个东西的优点，结果在回家的路上我一不小心就去商场买了一个回家。

然而，这些常常在卖场里看到的热门商品，往往是客户家里用过一段时间后就想处理掉的东西。至于处理掉的理由，无非是"不好用""弄坏了""用厌了"这一类的。

其实，创意类厨房用品就跟小孩子的玩具一样，兴致来的时候尽情把玩，会让人很开心。如果能长时间使用，当然再好不过，但是不可否认，我们很快就会对它们失去新鲜感，接着就将它们束之高阁。这也是无法掩盖的事实。如果某件工具已经完成了使命，请务必感谢它们的付出，然后好好地丢掉。

可是，就算你不断地处理掉完成历史使命的工具，也还是感觉不到清爽畅快，这就是厨房的一大特点。

"明明已经整理得差不多了，可感觉厨房里还是有很多东西。"这是客户常常向我抱怨的烦恼之一。

我想大家之所以会有这样的烦恼，可能是因为看了太多样板间或者商场的展示柜台。这些地方的物品陈设都井然有序，每样东西都有自己固定的位置，让看到的人心生向往。但实际上，只要考虑一下可用空间和东西的数量就知道，把自家的厨房整理成这样，绝对不是一件容易的事情。

出于职业病，就算到了国外，只要条件允许，我就会要求去当地人的家里看一看他们是怎么收纳整理的。结果，我发现国外家庭的厨房没有一个能像日本家庭的厨房那样让人怦然心动。

日式料理、西餐、中式料理，这些都是最常见的。最近，民族特色料理也成了家庭料理的常客，来自世界各国的调味料在架子上排成了长长一列。碗柜里，食物料理机、华夫饼模具、蒸笼等各种各样的烹饪工具汇聚一堂，漆器套盒、荞麦蒸屉、印有樱花图案的碟子之类的季节餐具丰富多彩，好不热闹。

有一位著名的美食家曾经说过："日本人发明的食谱数量在世界上也是遥遥领先的。"我想，可以毫不夸张地说，日本饮食文化的多元性，从全世界范围来讲也是出类拔萃的。

无论是味道还是外观，不管是餐具还是炊具，日本的饮食文化可以说惊艳世界。随着四季的转换，饮食上的变化深入每一个细微之处。这种深入骨髓的特质是日本人的宝贵财富。

话题有点扯远了，言归正传。我觉得厨房的整理不一定要以简单化为目标，**重要的是，你能够很好地把控物品**

的收纳场所。只要在这一点上做到了然于胸，那么就算厨房里东西满满当当的，也值得你骄傲。

在这样的厨房里做菜，心里会涌出幸福的感觉——心动与否，每个人的标准各异，希望大家都以适合自己、让自己满意为目标，努力打造出属于自己的心动厨房。

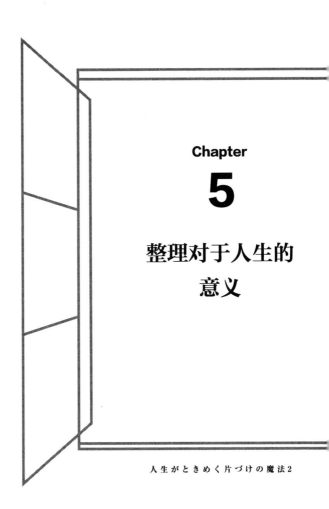

Chapter

# 5

## 整理对于人生的意义

人生がときめく片づけの魔法2

## 就算是十年来一直抗拒整理的人，
## 也能在两天内做好整理

从初中三年级开始，我对整理产生了真正的热情，不仅每天整理自己的房间，连我哥哥和妹妹的房间，还有厨房、客厅、洗手间等，几乎家里的各个角落都成为我整理的对象。这件事大家都知道了，于是就有很多人想当然地跟我说："每天都这样整理，近藤小姐的家一定很整洁吧。"让人脸红的是，事实并非如此。就算是在我已经出了一本关于整理的书之后，这种情况也没有改善。

可是，某天，我的手机收到了这样一条短信：

"近藤老师，我想请您来我家上整理课。"

若是在平时，肯定是按照预约的先后顺序来安排客户的上课时间，可是这一次，不得不在休息日加班了。我决定两天后登门拜访。

因为，发出这条短信的，是我的爸爸。

爸爸的房间是我以前在家时住的房间。六块榻榻米大的空间里，有一个简单的壁橱和一个书架。房间不算宽敞，以前我住的时候，只放了一张床和一张小书桌，别的一概没有。每天睡觉前，我都会擦擦地板，认真地把房间打扫一下。这个房间对我来说简直就像天堂一样。

可是，时隔多年，当我再次看到这个房间时，它已经完全是另一副模样了。

一打开房门，正对面就是一个落地衣帽架，壁橱一侧的门已经无法打开了。地板上摆着用瓦楞纸箱装着的防灾应急食物储备，旁边是装着清洁用品的双层大整理箱。杂志已经堆到了书架前的地板上，新买的可以看数字电视的电视机直接摆在了旧电视机的上面。没错，就是"将电视机当成电视柜使用"的格局，这想法还真是够大胆的。

为了避免大家误会，我得说明一下，我爸爸本来是一个勤快、爱整洁、对室内装饰有一定了解的男性。可是，扔东西是他最不擅长的。他对妈妈表态说："一辈子都不会丢掉一件衣服。"在长达十年的时间里，他一直抗拒我"扔了多好"的建议。后来他工作越来越忙，就连日常的整理也变得越来越少，当他不得不面对房间里的惨状时，他终于意识到不能再这样下去了。

终于，爸爸的整理课开始了。跟往常一样，第一步要做的就是把所有的衣服都集中到一个地方，堆在一起。

"我居然有这么多啊……"他如我所料地惊呼道。

接着，他开始把衣服一件一件拿在手里做心动挑选，只留下让他心动的衣服。

还带着标签的西装，连包装都没有拆的内衣，买来之后就被彻底遗忘了的外套，大量的同款 POLO 衫……一边犹豫不决，一边对衣物说着"这件我喜欢""这件派过大用场""怕是再也穿不了啦，抱歉"的爸爸，让我觉得有些不可思议。

结果，整整两天时间里，我们按照衣服、书籍、文件、小物件、纪念品这样的正确顺序做整理，丢掉了足足二十袋垃圾。

在对自己的物品做完确认后，我们继续对储藏室、洗手间这样的公共空间做了整理。在我给出收纳建议后，整个整理课程宣告结束。

爸爸的房间经过整理后，跟之前相比完全是另外一个世界，可以说，现在已经是一个心动房间了。除了床和电视机，其他杂七杂八的东西都被收了起来，木质地板终于有了露脸的机会。书架上整齐地摆放着他喜欢的书和

CD，隔板上放着妹妹高中时做的陶艺以及爸爸邮购的爵士乐七人乐队人偶。作为收尾，爸爸把之前一直收起来的画挂到墙上，整个房间瞬间变得亮堂起来，简直有几分样板间的味道。

**"我以前总是想，有一天一定要把房间好好整理一下，或者下周一定整理，但都停在想的阶段，没有实行。现在真的下定决心整理了，感觉实在太棒了。原来只要认认真真做，两天之内就能焕然一新啊！"**

听到爸爸发出这样满足的感叹，我觉得做了至今为止最大的一桩孝事。**十年来一直抗拒整理的人，只要认真去做，只需要很短的时间就能顺利完成整理，体会到整理魔法带来的戏剧性转变。**

可是，爸爸的整理工作还没有结束。

给麻理惠式"正确的整理顺序"画上完美句号的，就是"纪念品类"的物品——照片的整理。

## 一家人整理家族照片，
## 找到团圆美满的真谛

我要向大家坦白，我直到最近才完成照片的整理。

当然，我自己保管的部分和学生时代以后的照片早就已经整理好了，但是小时候和家人一起拍的照片却一直没有做过系统的整理。

直到前阵子回老家帮爸爸整理房间，唤醒了爸爸心中的整理热情，他才打电话跟我说，他整理出一大堆旧照片。

从柜子的旮旯里翻出来的照片整整装了五只瓦楞纸箱。接下来，我是该拜托作为一家之主的爸爸来整理这些照片呢，还是下定决心自己来整理呢？

我做出的选择是：一家人一起整理家族照片。

接下来的那个周末，我早早地回到爸妈家，把照片从纸箱里取出来，一股脑儿堆在地板上，开始挑战"集中整理"
的最后一关。

**全家人围在一起，一边说着"那时候原来是这个样子的啊"，一边挑选令人心动的照片，这简直是迄今为止最快乐的整理了。**然后，我灵机一动，想到了一个主意：把挑选出来的照片做成一本充满回忆的相册，作为礼物送给爸妈。

细想一下，从上幼儿园开始直到现在，我都没有送过爸妈自己亲手制作的礼物。老实说，我也想借着这个机会进一步研究整理的奥义。

虽然我家在有人过生日或是圣诞节等重要家庭聚会的时候也会拍很多照片，但是全家人围着相册一边欣赏照片一边回忆往事还从来没有过。不过，我的客户里有人把纪念照片整理成了很棒的相册，秀给我看。我想，那些人是真的把"回忆过去"当成一种很快乐的享受吧。

这仅仅是因为性格的差异吗？或者只是因为我至今都没有过"回忆过去"的经历？制作一本相册会对爸妈今后的房间整理产生怎样的影响呢？这哪是什么尽孝，根本就是我这个"整理变态狂"可耻本性的暴露嘛。

巧的是，两周后就是妈妈的生日。

我决定，改天跟妹妹一起做一本记录爸妈婚后生活轨迹的相册。

　　首先，要找一本满意的相册。我选的是玫瑰粉底色、封面印有金色花纹的相册，看起来高雅大气。为了便于轻松翻阅，尺寸不大也不小，翻开后可摆放四张照片，整本相册一共可以收入一百张照片。

　　相册的容量确定后，就该开始挑选照片了。我和妹妹分头进行，在众多的照片中一张张检视。挑选的条件是，把妈妈拍得很美的，家人都一起入镜的，还有最重要的一条就是"拿在手里有心动感觉的"。一开始的时候，妹妹看到那么多照片，吓得几乎要退却，但是我们默默地埋头挑选两小时后，一百张满意的照片就都挑出来啦。

## 尽早整理纪念品，
## 可以让以后的人生更加怦然心动

事情到这里还没结束。说到照片，最近……没错，最近大家都流行用数码相机了。习惯用数码相机后，拍照的热情与日俱增，看到什么就拍什么，但是看照片的热情却大大减退，除了旅行刚回来的时候翻看照片，之后几乎再也不去理会了。

我和妹妹又分头把二十张存储卡查了查，只留下最满意的照片。

顺便说一句，整理电子数据的时候要遵循的准则同整理实物是一样的，要挑选的不是"该丢掉的东西"，而是"要留下的东西"。如果只是从大量的数据里面剔除"这个似乎不够好"的东西的话，那么你的整理就永远别想结束了。

　　具体的做法是这样的。

　　先在电脑上新建一个文件夹（我会把文件夹命名为"心动照片"），然后把选中的照片依次拷贝到这个文件夹里。如果是同一天拍摄的照片，就在比较后挑出最满意的一张。把这些选中的照片集中到一个文件夹，然后花不到一小时的时间从中挑选出三十张。

　　把数码照片打印出来后，加上之前整理出来的一百张照片，总共是一百三十张。这下算是动真格的了。我们把这一百三十张照片在地板上铺开，从左往右把照片按照年代由早到晚的顺序依次排列，同一年的照片排成一列。其中可能也会有年份不确定的照片，这时候就要靠分析推断了。

　　"从老爸的眼镜式样来看应该是二十世纪八十年代拍的吧。"

　　"一家人去长崎旅行好像是我小学时候的事哦。"

　　就这么你一句我一句地说着，终于把一百三十张照片都排列好了，房间变得像纸牌大会的会场一样。

　　现在，各年选用的照片数量就一目了然了。哪一年的照片特别多，哪些照片的场景相近，再一一剔除，最终剩下一百张照片。

　　"九十八，九十九，一百！"把照片重新数一遍，数到刚好一百张时的成就感真是难以言表。把它们一张张地依次装进相册里，再贴上一些花样贴纸做点缀，终于大功告成了。

　　其实，在做这些事的过程中，我早就把整理的事情抛到九霄云外去了，一心只想让妈妈开心。

　　这个相册的实验取得了巨大成功。以前爸爸妈妈并没有翻看照片的习惯，有了这本相册之后，他们每次拍完照片都会把照片冲洗出来收好，偶尔拿出来看看。

　　从这之后，我就开始把制作相册送给爸妈当作纪念品整理课的一个环节推荐给客户。

　　遇到父母早逝的客户，我会建议他们把自己同父母的合影整理成相册，用以回顾自己一路走来的成长历程。

　　"这种像手工劳作一样的东西，小学毕业以后就再也没碰过了，好有趣！"

　　"一直以来都对爸妈有种说不出的生疏感和距离感，可是，看到这一张张照片，我充分感受到爸妈很爱我，把我当成宝贝养大。有生以来我第一次从心底感激爸妈的养育之恩。"

　　大家的感想多种多样，但最后都会说同一句话："要是早一点做照片的整理就好了。"就连二十几岁的客户都能说出这样的话，我自己也深切地体会到"要是早一点做这件事就好了"。

就算从现在开始，也为时不晚。

不要等到上了年纪再去整理纪念品，一过二十五岁就可以动手了。

整理过去的人生，可以让以后的人生更加怦然心动！

## 丢弃布娃娃时，
## 请务必遮住它们的眼睛

男性朋友可能对布娃娃没什么兴趣，可是对女性而言，最具代表性的纪念品之一就是布娃娃。

不仅如此，布娃娃也是"最不忍心丢弃"的物品之一。

**事实上，就连我这个在高中时一度化身"扔东西机器"、不管什么东西都扔得了的人，在遇到布娃娃的时候也下不了手。**

小时候，我有一只很喜欢的布娃娃，那是一只棕色的松狮犬布偶，身体圆滚滚的，所以我给它取了个名字叫"滚滚"。滚滚大约有八十厘米长，只比当时的我矮了一点，算是一只"大型犬"。

我一直希望能养一只狗当宠物，所以把滚滚当作真的宠物去疼爱。我在玻璃瓶里装上花花绿绿的小珠子当作狗粮喂它吃，骑在它身上玩，把一天里在学校发生的事情告诉它。可是，随着时间的推移，我渐渐不再给它喂"狗粮"了，跟它一起玩的时间也越来越少。再后来，我把滚滚摆在电视柜旁，几乎不再搭理它了。

就这样过了将近一年，有一阵子，我只要待在家里就止不住地流鼻涕。现在就算是在灰尘飞舞的整理现场也可以泰然自若的我，当时居然得了过敏性鼻炎，只要一进到有动物的空间，鼻子就很不舒服。

可是，要说我们家有什么动物，也就只有养在水槽里的泥鳅了。那到底是什么引起的过敏性鼻炎呢？妈妈将信将疑地说："该不会是滚滚引起的吧？"

我已经很久没有跟滚滚近距离接触了，这次凑近一看才发现，它身上积满了灰尘。而且由于受到身体重量压迫，滚滚的两条前腿张成八字，下巴抵在地板上，整个形状都变了样，简直就是灰尘集散地。

爸妈看到滚滚此时的样子，都劝我丢掉它："你不是还有很多布娃娃吗？扔了它也没什么。"可我就是不同意。我用吸尘器清理滚滚的身体，把它晾在外面晒太阳。能做的我都做了，结果我还是不停地流鼻涕。最终，我只能泪眼汪汪地跟滚滚说再见了。

滚滚被装进半透明的塑料袋里，我和爸爸双手合十，对它说："感谢你一直以来的陪伴。"然后把它送到了垃圾收集点。其实整个过程非常短，但我生平第一次因为丢掉一样东西而感到如此难过。

就算到了现在，我也偶尔会想，要是当时把滚滚装在纸袋里再丢掉就好了。

每次扔东西的时候我都会向它们——道谢，**对于布娃娃这种"有灵魂的东西"，我总是记得以最恭敬、最谨慎的态度把它们送走。**

话说回来，为什么丢掉布娃娃就这么难呢？我认为原因就在于它们看起来像是活的。为什么会有这种感觉呢？因为它们有眼睛。眼睛，或者说眼神，会让死板的物品瞬间呈现生命感。

"本来已经把布偶都塞进垃圾袋里了，可是，它们好像都在透过袋子用视线向我哀求，结果我又把它们都拿出来了。"

不断有客户对我这样讲，这并不是毫无道理的。至今，我都清楚地记得滚滚透过塑料袋看向我的眼神。

**眼神蕴含能量。**

**所以，如果想要丢弃布娃娃，请务必遮住它们的眼睛。**

眼睛一旦被遮上，布娃娃就从有生命的物体变成了普通的东西，你就可以爽快地放手了。话虽如此，一旦真的把它们的眼睛蒙起来，还是会不经意间制造出恐怖效果。所以，还是直接用一张纸或一块布把它们的整张脸蒙起来比较方便。某次在给一个客户上整理课的时候，要丢弃一只穿着 T 恤的布偶猫。我把猫身上的 T 恤往上脱掉一半，刚好蒙住它的脸，样子十分滑稽。于是，我们在欢乐的气氛中同它告别了。

**丢弃布娃娃时，请先把它们装进纸袋，再装进垃圾袋。如果这样还是让你觉得不舒服，那就怀着祈愿的心情，撒点粗盐在里面。**

总之，面对那些不忍心丢弃的东西，一定要比平常更细心，要用供奉的心态来处理它们，这样就能减轻负罪感。

听说，日本的寺庙里供奉人偶的时候，每天都会帮人偶擦脸，保持面部清洁。如果人偶有头发，还要把头发梳起来。这么看来，我建议的做法是对的。

会有眼神问题的物品还有照片。如果有多张照片要处理，请把它们正面相对地叠起来，放进纸袋子或者大信封里，避免露出人脸，然后丢掉。如果丢的是已经分手的恋人的照片，不妨在上面撒一把盐，以确定斩断旧恋情。

这种"纸袋＋撒盐"处理法除了适用于布偶和照片的处理之外，还适用于你自己用过的饰品或其他"带有感情和情绪"的东西。

　　说个题外话。有个客户在处理已经分手的恋人遗留下来的纪念品时，朝着装有饰品和布偶的袋子一个劲地撒盐，那架势就差没有大喊"恶灵退散"了。然后，她对我说："那一天之后，我还是第一次感到这么畅快，似乎已经准备好迎接下一段感情了。"她把袋口扎紧，接着，用和之前截然不同的平静表情说了句"多谢一直以来的陪伴"，同时朝着袋子双手合十。"那一天"到底发生了什么事情，我不便追问，但这件事确确实实让我感受到了盐的净化作用。

## 整理魔法会让你
## 在整理过程中喜欢上自己

　　曾经有一段时间，我真的是整天都在忙工作。

　　感谢客户的厚爱，我的工作邀约接二连三地上门，有时候一天不止两次课，三次的情况也是有的。从早上七点到十二点，下午一点到五点，傍晚六点到晚上十一点，我穿梭在各个客户的家里给他们上整理课，晚上回到家里后还要写作。虽然我的确很喜欢自己的工作，但像这样忙得两天不吃饭，住在东京的市中心却过着身在撒哈拉沙漠一样的日子，只怕会因疲劳过度而被送去住院。我渐渐感觉到，自己似乎已经到了所能负荷的极限了……

　　我开始思考如何解决这个问题。某天课程结束后，我正打算准备第二天的演讲内容，手机振动，我收到了一条短信。

"近藤小姐，您能收我为徒吗？"

我大吃一惊。

事实上，就在前一天，我还在考虑在整理课的毕业生中招几个人来给自己当帮手。我在笔记本上列出了几个名字，位列第一的就是给我发短信的这位真弓小姐。

大约半年前，真弓小姐来参加了我的整理课。刚认识她的时候，我的感觉是——说起来可能有些不礼貌——她是个"不太靠谱"的女性。

"每个月都会在'本月待办事项清单'里写上'整理'这一项，家里却从来没干净过……我好像一年到头都在整理。"

真弓小姐说起话来也是战战兢兢的样子，说着说着就没了声音，似乎不够自信。从小就爱好绘画的她，从美术专门学校毕业后却拒绝找跟设计相关的工作。她说她"喜欢生活杂货"，就在杂货小店找了份工作。做了没多久，她升为店长，却又以"我又没想当店长"为由辞职。之后，经朋友介绍，她在一家公司做兼职业务员。

"不管做什么，总感觉自己做不好。这么多年来，就算是自己决定要做的事情都做不好，更别说整理这种事，完全没把握啊……

"我没有想过要一直待在现在的公司，可是又不知道自己究竟想做什么……总之，不管做什么事情都提不起精神。"

这就是我刚刚认识真弓小姐时的状况。没想到，上第二堂整理课的时候，她已经开始发生变化。

"你好！"门后的真弓小姐身穿缀有蝴蝶结的连衣裙，外穿一件黑色开襟外套。上次见面时，她穿的还是灰色大衣加牛仔裤，这次简直有了戏剧性的变化。只要是工作时间，为了表达对客户的敬意，我都会端端正正地穿上职业套装，但我还是第一次遇到客户穿戴整齐地在门口迎接我的情形。

"我决定以后好好对待自己的东西和房间。"

她那斩钉截铁的语气给我留下了深刻的印象。

由于看到真弓小姐的转变，我决定收她为徒。而此后她所表现出来的对整理的热情，甚至到了让我目瞪口呆的程度。

只要时间允许，真弓都会以助理的身份随我一起去上整理课，帮我拿垃圾袋、集中衣服、粉碎含有个人信息的文件。偶尔，她还会把闲置的铁丝架用锤子拆开来，或者是把买来后还没拆封的鸟鸣钟组装好挂到墙上。

当我和客户交谈时，为了不打扰我们，真弓会安静地坐在地上，观察我们的行动。整理课结束后，我们一起去咖啡厅，温习当天学习到的整理诀窍。真弓会一边喝咖啡，一边听我特别培训，一听就是两个小时。

和我在一起的时候，真弓总会拿个小本子，记下我说过的话、她学到的东西和新掌握的收纳技巧，每一页都写得密密麻麻的。

真弓拜我为师已经有两年时间了，在我看来，现在的她跟以前比简直像是换了一个人，不仅整理技术得到了提高，言行举止也变得自信满满了。

前两天，我无意间问她："真弓小姐，你的人生让你心动吗？"

她不假思索地回答："我好心动！"

或许真弓小姐身边的亲友还没察觉到她的转变，可是，这小小的变化却给她的整个人生带来了重大的改变。

整理一定会改变人生。这并不意味着整理能够帮助你挣大钱，或者改变社会地位——当然，作为最终结果，也有人最终实现了这样的成功。**整理带来的最重要的变化就是，通过整理，你会喜欢上自己。**

通过整理，小小的自信会萌芽生长。

自己的未来似乎变得值得信赖。

很多事情都变得顺利起来。

自己遇见的人也有了变化。

会有一些意想不到的好事发生。

正向的变化很迅速。

这样一来，就能打心底享受自己的人生了。

这种事情不会只发生在真弓身上，每个人都能感受到。

**不论是谁，一旦体会到完成整理后的小小成就感，就会想要与人分享整理的乐趣，向周围的人"热情传播"发生在自己身上的变化。整理是一种会传染的"病"。**

之前对整理感到头疼的真弓，如今却在我身边热烈讨论着整理的话题，每次看到这样的场景，我都情不自禁地感叹："整理魔法果然力量强大。"

## 整理有一种调整恋爱关系的效果

每当我问客户"你希望把房间整理成什么样",大多数人都会回答:"我希望整理成能够结婚的样子。"

通过整理提升自己的恋爱运或结婚运,这并不是我要重点解决的问题,可我确实常常从客户那里收到这样的反馈——**做过整理之后,恋爱变得顺利了。**

有些人克服了不擅长整理的弱点之后,自信心增强,对待恋爱的态度也变得积极起来;有些人因为房间突然变得整洁而让男朋友态度大转变,继而向她求婚。总之,情况因人而异,因为整理而同恋人分手的事我也经常听到。不管结果怎样,整理确乎有一种"调整恋爱关系"的效果。

在给客户上课前,我通常会先聆听客户的烦恼,了解对方的需求。有一次,我为 N 小姐上整理课,她先讲述了整理方面的困扰，说着说着，不知不觉间就从整理聊到了恋爱。

"到底是该跟现在的男友继续交往下去，还是分手，我是真的拿不定主意。"

N小姐的现任男友是同公司的前辈，已经交往了三年。她的房间里随意地摆放着男朋友的衣服和日用品。当然，关于恋爱这回事，我可帮不上忙，我能给出的都是关于整理的建议。

**话虽如此，根据我观察众多客户所得到的经验，凡是与恋爱对象关系出现问题的人，他们在整理时都有一个相似的特征，那就是"有很多待处理的文件"。**N小姐的房间就是这样，随时准备注销的从未使用过的存折，搬家后需要向很多机构提交的住所变更手续，需要好好归档的食谱剪报，等等。各种待处理的文件纷纷涌现出来。

"嗯……看来，在开始烦恼的整理之前，还有一大堆东西要先解决掉啊。"N小姐苦笑着说。于是，我请她把这些悬而未决的文件在下次上课前全部解决完。

第二次上课的时候，我发现N小姐已经完全换了一副神情，显得神清气爽。她顺利完成了上一堂课的"作业"，听说是请了一天带薪假，一口气把所有该办的手续都办了。而且，她同男朋友的关系也随着整理的进行变得明确起来，她不再纵容两人相处时的那种"不知哪里总有隔阂"的感觉，决定与男友保持一定的距离。

"我跟他有一阵子没联系了，希望能够收拾一下自己的情绪。"

两节课程结束了，N小姐愉快地毕业了。

五个月后，一个偶然的机会，我再次见到了N小姐。知道她后来的情况后，我大吃一惊——她决定与那个保持一定距离的男朋友结婚了。

"过了一段时间，他正式向我求婚了。如果还是以前那种有隔阂的感觉的话，估计我是没法立刻做出答复的。可是，经过那一阵子的'隔离'，我一下子明白了，对自己的选择满怀自信，终于平静地答应了他的求婚。"

说出这番话的N小姐满脸都是幸福的笑容，给我留下了深刻的印象。

根据指导大量女性朋友做整理的经验，我得出了这样的结论：**那些总遇不到合适对象的人，多半在家里堆积了很多需要处理的旧衣服和文件**。另外，有恋人关系却不明朗的女性，多半是那些对待物品整理敷衍了事的人。

一个人的人际关系可以通过他与物品之间的关系体现出来。反过来，一个人与物品的关系也可以在他的人际关系上得到反映。

## 整理结束后，可以说出"跟你结婚真好"

　　我的客户里面有超过半数的人是家里有小孩的妈妈。在上整理课的过程中，我无数次体会到那些一边上班一边带小孩的妈妈的艰辛。

　　在这样的人群中，有一位 F 女士。她和丈夫都是小学老师，家里还有两个孩子，分别是四岁和两岁。

　　"一直都感觉很疲劳。每天下班后回到家里，累得连眼皮子底下的垃圾都懒得捡，整天厌恶自己怎么连这点事情都做不到……

　　"老公回家也很晚，他知道我工作辛苦，也就不会抱怨什么了。

　　"虽然我很爱自己的工作，可是再这样下去不知道还能坚持多久，我常常会有这样的不安。

"感觉现在的生活里全都是些需要'撑下去''克服困难'的事情，真希望能有时间用自己最爱的杯子泡上一杯茶，慢悠悠地喝上几口。"

在完成整理后，被这些烦恼困扰的 F 女士得出的结论是到底还是喜欢自己的工作。她发现，之前那些"真讨厌，巴不得少一点"的教材，现在却让她相当心动。

"不管是书架还是壁橱，都塞满了无关紧要的东西，而真正重要的东西却一直没有被好好对待，如此看来，我对自己不够认真负责。

"现在偶尔忙得不可开交的时候，也会有成堆的衣服来不及洗，或是由于劳累对任何事情都提不起兴趣，可是再也不会因此感到不安了。如果今天感到疲劳，那就好好休息一下，我对自己变得宽容了。"

**F 女士同丈夫之间的关系也起了变化，之前是"两个人各自发挥作用"，而现在变成了"一起经营这个家庭"。**

现在，她经常跟丈夫真心实意地谈论将来的生活，或者两个人一起去参加一些学习会。

"'二十年后想过怎样的生活？'关于这个话题我们做了很多讨论，分享了各自的想法，我和老公两个人都希望到时还能生活在现在这样的家庭环境里。

"'跟你结婚真好。'我终于第一次袒露了自己的真

**实想法，虽然这话说出口还真有些不好意思。"**

在 F 女士的案例中，她的工作和人际关系并没有因为整理发生大的变化。

"虽然还是跟平时一样做饭、叠衣服，但是感受到幸福的时刻越来越多了。"

那些完成整理的客户谈论心得的时候，诸如此类的感想颇多。

珍惜习以为常的平凡生活，才能让每一天都过得怦然心动——这就是客户们教会我的事情。

## 为家人的东西而焦虑时，
## 记得要做"太阳"

"想让我妈好好学学该怎么整理东西。"

"希望我老婆能上一下您的整理课。"

这样的邮件我收到过不少。

当自己的整理取得进步后，就会在意起家人的东西和空间来。

"虽然家人在我的影响下扔了不少东西，但离真正的整理还远着呢，要怎样才能好好整理呢？"

随着整理功力日益增长，自己整洁有序的房间与家人房间的差距就变得越来越"触目惊心"，让人焦虑。对此，我深有体会。

"老公的东西，我怎么看怎么不顺眼。"Y女士在整理课进入尾声的时候，一边叹气，一边跟我诉苦。

当时，她的私人物品已经整理完毕，只剩下厨房用品、玄关和洗手间的收纳整理了。平时，Y女士和丈夫以及两个小孩一家四口生活在一起。

她丢弃了很多私人物品，衣柜和梳妆台上只剩下心动物品，对此她十分满意。

可同时，有一个地方让她非常头疼——她丈夫的专属空间。那里大概有四块榻榻米大，是从一个八块榻榻米大的房间里隔出来的。

"在我看来，那里都是些完全没用的东西。"Y女士眼中这个一无是处的狭窄房间里，满满当当地摆放着战车的塑料模型、战国时期武将的画像、江户城和大阪城的袖珍模型等物品。

整个房间看上去和Y女士心中理想的整洁、漂亮、自然的家居风格背道而驰。可是不难看出，这里面包含着男主人特有的秩序和情绪，绝不是毫无概念地胡乱摆放。

"书架也是一样，他用上半层，我用下半层，当我在找自己的书时，每次瞥到'战国'之类的字眼，别提有多痛苦了……"

看来Y女士对她丈夫的东西还真是反感得不行，于是我就问她："你老公有没有跟你聊过他的爱好呢？"Y女士的回答是："几乎没有，因为我打心眼儿里对那些东西没兴趣。"

针对这种情况，我给 Y 女士留了一份作业，要求她在下次上课前完成。

"既然你那么讨厌老公的东西，那就尽量不要看到它们，这是大前提。如果实在是避不开，那不如干脆试着去触摸那些东西。把模型拿起来把玩也行，轻轻触摸书的封面也行。然后，请仔仔细细地盯着你手上的东西至少看上一分钟。"

转眼到了第二次课。

"刚开始的时候，那些战国的东西我真是摸都不想摸，老实说，我当时还在心里抱怨这个作业可真是让人头大。

"可是，说起来真是让人不敢相信，当我从不同角度盯着那些玩意儿看了一遍之后，心里竟然开始琢磨起来。'这个城楼的细节好精密。''穿上印有这个武将名字的 T 恤不知道会是怎样的感觉。'这些事情以前我压根不会去想。

"最后，一想到那些东西能让老公开心，老实说，我心里真是充满了感激。"

留给 Y 女士的作业，我收到了满意的答卷。

**如果有些东西实在没法忽视，那么不如试着与它们来**

个正面接触。

首先，可以试着去触摸。光用眼睛看，那些东西只不过是"完全搞不懂的老公喜欢的东西"，可是一旦拿到手里，那些物品就变成了具体的个体，变成了"武田信玄的画像"，等等。单凭这一点，抵触情绪就减少了一半。就好比你平时说讨厌某个国家，可是当这个国家的人站在你面前自报家门的时候，你并不会一下子就感到厌恶。

不过，如果是打从心底不想看见的物品，或是天生就抵触的东西，那就不必强迫自己去触摸。比如，昆虫的写真集，僵尸电影的画片集，等等。偶尔试一次或许可以刺激一下自己，多试几次就不会像从前那么抵触了，但会因此受到打击伤害的话就不必勉强了。另外，当事人不想被人发现的东西，或是不方便触碰的贵重物品，你当然也不能触摸。

**没有必要喜欢上别人喜欢的东西，只要能够接受就足够了。**

就算不是自己的东西，它们还是家人的东西，是存在于这个家庭的东西，这是不争的事实。**从家庭这个宏观角度来看，不管是你自己的东西，还是家人的东西，都是平等的"这个家的一员"。**

能否明白这一点，其实是非常关键的。

　　就算是生活在一起的家人，各自保留一定的空间也是绝对有必要的。"从今以后，这里就是让我自由使用的空间了。"一旦这样决定，大家就会自觉意识到私人物品的摆放不能超出这个范围。相反，如果完全不划分私人领域，就无法感受到收纳空间有限这个事实，不知不觉就会到处乱放东西。无论对物品还是对家里的人来说，这都是件麻烦事。

　　划分完各自的空间后，就不要对别人的空间干涉太多。第二章的最后一节讲的是"打造专属心动空间"，**其实不仅是自己，"家人的心动空间"也是很重要的。**

　　另外，哪怕家人只是稍微做了一点整理，你也要及时称赞，千万不要泼冷水。

　　**整理是一种会传染的"病"，如果是强制别人去做，就容易遭到抵触。**用《伊索寓言》里的《北风与太阳》来举例的话，建议大家一定要采用"太阳"的策略，不给人压力，只给人温暖，才能让人心悦诚服地接纳你。

## 坦然接受不同的价值观，
## 才算真正完成了整理

　　在我指导过的那么多次整理实践中，只有一次失败让我印象深刻。我在一期电视节目中指导某位艺人整理房间，后来听说对方的房间很快又回到原样了。

　　虽说上电视做指导跟平时去客户家里上课情况完全不同，但这种失败在认真地做完整理工作的人中还是第一次出现，这让我既感到抱歉又备受打击，情绪低落了好一阵子。

　　不过，也多亏了这件事情，我意识到了自己深藏着的骄傲自满的心理。我一直觉得只要经过我的指点，不管是怎样的房间都绝不会回复到以前的状态，显而易见，我失败了。而且，我有个先入为主的观念："住在经过整理的整洁房间里对每一个人来说都是最幸福的事。"经过这次事件，我的观念也被颠覆了。

也不知道是真是假，反正我听说那位整理失败的艺人在现在的房子里生活得很开心。

"我想让家里人也能够自觉地整理他们的房间，应该怎么做呢？"这是最近我被问到最多的问题。可是，当我进一步问起详细情况，或是跟当事人的家人直接见面聊过之后，我发现绝大多数情况下自己完全使不上劲。

换句话说，他们的家人并没有强烈的想要改变现状的愿望。

我很喜欢一本叫作《痛快的"不扔"技术》（町田忍著）的书，作者是一个收集了上千个纳豆、巧克力等食物包装的博物学家。他宣称"不喜欢冷冰冰、空荡荡的家"，坚持主张彻底"不扔"美学。对这位先生来说，摆满物品的房间才是属于他的心动空间。

虽然在此之前我没有做过明确说明，但其实所谓的心动空间，对每一个人来说都是不尽相同的。价值观因人而异，这个再正常不过了。

**我们无法改变他人，所以我们不能强迫那些不想做整理的人。或许，只有坦然接受与自己价值观不同的人，才算真正完成了整理的全部内容。**

以前我住在爸妈家的时候，从来不曾为整个家打造出"理想生活"的状态。哥哥和妹妹房间里的东西多得不行，洗手间整理完没过几个小时就又乱成一片。面对这些场面，我不知叹过多少气。

**每逢这种时候，我脑子里跳出来的想法都是："那个人生活在那样的环境里，真是可怜啊。"或者："肯定每天都过得不舒服吧。"总之都很傲慢无礼。**

可事实上，住在房间里的当事人对此完全不以为意，倒是我在一边自以为是地替人家感到难受。而且，每当这种时候，我自己的房间也是杂乱不已，应做的工作也会拖延，一些没来得及整理的东西也残留了下来。

并不是只有我一个人身上会出现这样的状况，几乎所有"正在做整理的人"和"完成整理的人"身上都会有这样一个共通的毛病。

所以，当你觉得家人的东西碍眼时，不如先把注意力集中到对自己的物品的整理上。**当自己的所有物品都整理完后，接下来想做的事情、应该做的工作等肯定会接踵而来。老实说，你会身心充实到根本没有时间来抱怨别人。**在这个方面，就算是在物理层面的整理上已经游刃有余的我，也还在不断修炼呢……

## 教孩子折衣服，
## 有助于培养他的整理习惯

如果你已经彻底整理好自己的私人空间，却还是"一看到家人把东西弄得一团糟就变得焦虑不安"，该怎么办呢？

如果家人没有自发地想要做整理的意思，切记不可强迫。前面已经说了，如果强迫不想做整理的人整理，对被强迫的人来说完全就是在"找麻烦"。

这样一来，就只能选择默默接受了。

为了缓解焦虑，我的建议是"把注意力集中在清扫上"。

我介绍给大家的"集中整理"是一口气给环境做一个大改变的方法。在完成"集中整理"之后，应该继续做的就是"日常整理"了。所谓的日常整理，主要包括三项内容：使用后物归原位，使用时记得道谢，好好照顾保管。

日常整理之后，紧接着的就是清扫工作。

这里的关键是给自己的空间做一个彻底的清扫。先使私人空间在一定程度上保持整洁，再清扫玄关和洗手间等公共空间。

不要指望家人做整理，而是从自身开始，投入全部心力好好面对所有物品，这是消除焦虑心理的关键。默默埋头苦干，然后看到家里的环境变得越来越整洁，不知不觉心情就会变得平静，焦虑感被成就感取代。

假如家人看到你完成整理后的轻松姿态，产生"我也做一下整理试试吧"的想法，对整理变得感兴趣，你应该采取怎样的对策呢？

请务必主动表达帮忙的意愿。

当然，这不是要你气势汹汹地逼问："你会做心动判断吗？我来帮你做。"而是要你在他实际操作时搭把手。

把物品归集到一个地方，搬运垃圾袋，集中整理所需要的体力超乎你的想象。**很多人想做整理，却永远只停留在"想"的阶段，迟迟不愿行动，这多半是因为"看起来似乎很累人"。**所以，与家人分担一下体力活，就能有效帮助家人克服惰性开始整理。

不过，如果当事人强烈希望"自己一个人完成整理"，那你就不要硬掺和了。等到他在整理过程中问你"这个是不是可以丢掉"，你只要回答一句"可以"，鼓励他继续努力就行了。

此外，当完全没有整理经验的家人立志要完成自己的整理时，已经完成整理步骤的你最需要教会对方的就是"折衣服的方法"。

**这个说法可能会让你感到意外，可事实上，是否熟练掌握折衣服的方法，将大大影响整理的持续力。**把物品拿在手里判断心动与否，其实是一件熟能生巧的事情，靠自己的经验和磨炼就能习得。可是，正确的折衣服方法是一种技术性的学习，向已经掌握这项技能的人学习，可以达到事半功倍的效果。

教孩子折衣服其实也是同样的道理。

**许多客户都抱怨："孩子把东西随处乱扔，真是让人头疼……"事实上，出现这种情况，大部分都是因为大人拼命想让孩子学会自己整理玩具。这并不是正确的做法。**

玩具的质地和种类多种多样，很难进行分类，收纳的方法也很复杂。再加上孩子也不是每天只玩同一种玩具，所以要让孩子养成整理玩具的习惯难度太大了。

比起玩具，衣服的分类要简单得多，而且衣服是每天必须用的东西。只要学会了衣服的折叠方法，把衣服放回抽屉的固定位置也就变成了一桩小事。所以，这样比较容易帮助孩子养成每天整理的习惯。

更重要的是，通过折衣服的过程，可以将"谢谢你今天为我御寒了""谢谢你一直守护着我"等心情传达给自己的东西，比起单纯地用完后物归原位，更能让孩子学习到整理的本质。

所以，不管对大人还是对小孩来说，衣服的折法是整理的必修课。我在电视节目中向大家介绍折衣方法后，收到最多的反馈就是：

"马上就让家里人试了一下，大家都热情高涨！"

既促进了全家人的沟通交流，又让全家人都开始动手做整理，"折衣服"的威力还真是不容小觑。

整理的"病"能否传染给家人，其实全在于你自己。请大家都尝试一下从折衣服入手，鼓动全家人一起投入到轰轰烈烈的集中整理之中吧。

## 享受整理过程的人
## 才是真正的大赢家

　　最近，我开始去上面包制作课。我的客户里有一位经营咖啡馆的朋友，她店里的手工面包实在是极品。"要是我自己也能做出这么棒的面包就好了。"我心里暗想。碰巧得知她同时开设教授面包制作的课程，我二话不说就报了名。

　　她讲课非常有趣，简直就像是在做化学实验。学员们学会基本的面包制作方法后，要做的就是对小麦粉、酵母和发酵时间进行各种微调后进行试吃和比较。老师会以面包内部成分的变化为依据，对面包口味和嚼头的差别进行说明，让大家从面包的构成来理解制作方法。然后，学员们可以在尝试中找到自己喜欢的口感，从下一堂课开始各种制作练习，在老师的指导和建议下重复试验，直至掌握此项技能。

可是，对整日忙于整理、从来没有好好烤过一次面包的我来说，每一个步骤都让我感到纠结和焦虑。

"如果要混合蔬菜汁，一般来说用占面团百分之二十的量比较合适，可是我想烤一个充满胡萝卜汁的面包，能不能多加一点呢？

"我不知道面团要揉多久才行啊。

"我的面团总是发酵过头。"

…………

其他学员也纷纷提出了各自的问题。老师耐心地一一回答完学员的提问后，面带微笑地说："大家放心啦，不管怎样，面包总不至于爆炸吧？！"

"用一句话来描述面包的话，那就是把小麦粉、水和酵母混合在一起烤出来的东西。只要按照基本的顺序操作，烤出来的成品大多是喷香美味的，就算偶尔有一些失败的作品，也挺可爱的，不是吗？小麦粉的口味和烤制焦度的喜好都是因人而异的，大家可以尝试各种可能，尽情地享受实验的乐趣。"老师这样说道。

听到这里，我恍然大悟。

我一直毫无道理地认为烤面包的门槛太高了，一边跟自己说"绝对不能失败"，一边从开始动手做就担心这个担心那个的。

事实上，烤面包并没有什么高深的，只需像制作普通料理那样抱着平常心去做就可以了。

整理也是一样的道理。

在我整理讲座的答疑时间里，举手提问的人特别多。

"我家玄关那里有一个窄衣柜，冬天就把外套和围巾放在那里，出门前打开衣柜就能穿戴整齐，实在是很方便。可这样一来是不是就把收纳空间分散开了，这样做是不是不行啊？"

这个做法当然没有问题。在这种情况下，可以明确地划分出"出门前的穿戴装备"这个分类，所以家里的收纳并不会分散。

"虽说要丢掉的东西不能让家人看到，可是我们家都是我跟老公一起整理的，每次听到他建议说'这个绝对用不上了''不合适'的时候，我就很开心地顺势把东西扔了。可是，照你的说法，我是不是一个人安安静静地处理自己的东西比较好？"

千万不要，请还是和老公一起享受整理的过程吧。当然，如果某些物品实在无法让你心动，就算老公建议留下，你也还是可以把它们丢掉。不管怎样，只要有对自己丢掉的东西负责的心理准备就行。

"我对折衣服这回事完全不在行啊！内衣和袜子我还能叠一下，可是开衫和套头毛衣我已经放弃了，直接把它们挂起来就是了。还有其他更好的办法吗？"

其实，最近我有一位客户也采取了同样的方法。悬挂收纳的方法完全没有问题，不过，要注意一点，那就是避免挂得过多，占用空间过大。建议使用细衣架。

所有提出问题的学员，在实际整理时都采取了与我不同的整理方法，运用了他们熟悉的整理技巧。大家都在根据自己的具体情况一边调整一边做整理。也正是由于大家都抱着认真的态度在整理，所以才会产生诸如"不能失败""这样真的可以吗"的不安想法。

**我想说的是，诸位，别担心，就算整理失败，你的家也不会大爆炸。**

首先，应该抛除脑中先入为主的观念，遵守整理原则。按照原则整理一遍之后，再根据自己的喜好对细节问题进行微调，创造出专属于自己的整理技巧。如此一来，不但整理这件事本身会变得充满乐趣，还能促进整个集中整理工程尽早完工。

**享受整理过程的人才是真正的赢家。**

**只要能贯彻主要原则，剩余的部分根据自己的喜好做**

**判断就行。**

　　话说，我到现在还是不太会烤面包，不是忘记放原料，就是一时开心揉面团揉过了头，要么就是忘记面团还在发酵，自己睡死过去了。虽然这类事情常常发生，但是不管怎样，我都非常享受整个过程，这就足够了。

## 被喜欢的物品和人围绕着，
## 每一天都怦然心动

我的整理课一直在继续，日子久了，叫我"老师"的人越来越多。

很久之前，我就不得不面对家里东西过多的情况。在亲自实践心动判断法整理物品之后，家里的衣柜就再也不会被塞得满满当当，地板上也不再胡乱堆积各种各样的书了。

随着季节的轮换，我也会不断添置新衣服，平时还会随手买一些小物品，但因为没用的东西都被我及时丢弃了，所以家里的东西不会无限制地增多，我与它们相处得再融洽不过了。因此，我对待物之道很有自信。

可是，不知为何，心底总觉得好像哪里缺少了一点什么东西。

莫非还有什么事情是很多客户已经觉察到而我迟迟没有发现的？这种怪异的感觉一直在我心里作祟。

前两天，受困于工作的我很偶然地给家里打了个电话，结果马上被叫回去赏樱花。上一次和家人一起出门赏花已经是十五年前的事了。

说是赏樱花，我们去的并不是知名的樱花景点，而是爸妈家附近的一个小公园。那里的樱花已经盛开，行人却稀少，实在是一个隐蔽的好去处。

虽然是临时起意的赏花行动，妈妈还是做足了准备，带上了自制的饭团。已经老大不小的我和妹妹看到饭团都像小孩子似的开心得欢蹦乱跳。

打开包袱，只见便当盒里装着裹有海苔的梅干鲑鱼饭团，还有炸鸡、红薯以及红黄两色的番茄。虽然品种不多，但是看起来色彩丰富，我不禁被妈妈用心准备的充满爱意的便当感动。当然了，我这个被整理工作束缚太久的大脑还是忍不住想感叹一下："把自己中意的小菜整整齐齐地放进便当盒里，这简直就是完美的抽屉收纳嘛！"

然而，妈妈为我们准备的好东西还不止这些。

打开另一个包袱，发现里面是一个装有樱花色米酒的酒瓶和几个刻有樱花图案的小玻璃杯。米酒中添加了红曲增色，倒入杯子后，杯子上的樱花仿佛一下子盛开了。

"好漂亮！"

"真有赏花的气氛啊！"

大家被浓郁的气氛感染，一边喝酒，一边赏花。今年这次赏花体验是有史以来感觉最棒的。

回到家后，我感觉家里的氛围变了。当然，家里的物件陈设并没有变化，所有的心动物品都乖乖地站在原位安心休息，但是整个家的环境变得让人着迷。究竟是哪一点带给我异样的感觉呢？

突然，我的脑海中浮现出白天用过的那个印有樱花纹样的玻璃杯。

我终于明白了。是妈妈准备的樱花纹样玻璃杯启发了我，让我明白了自己一直以来都没有察觉到的那样重要的东西是什么。

**"一边生活，一边让自己身边的东西沾染上回忆，这才是我想要的活法啊。"**

樱花杯成了赏花的美好记忆，也成了妈妈温柔的化身。

这之前，在家里看到樱花杯时顶多就是觉得"花纹还挺好看的"，而现在，这个杯子变身为赏花时妈妈为我们斟米酒的重要道具。

**我终于意识到，独处时带给我美好记忆的东西远远比**

**不过与重要的人相处时留下美好回忆的东西。**

出于喜欢才穿的衣服和鞋子，对自己来说，当然是重要的东西，可是比起那些沾染了重要回忆的物品，这些衣物根本不算什么。

我终于明白，自己真正看重的，是和家人相处的时间。

过去，我花了太多时间面对工作、物品和自己，与家人相处的时间严重不足。

当然，今后我依然会好好珍惜独处的时间。为什么要珍惜独处的时间呢？因为我觉得，独处可以让自己在和重要的人相处时表现得更好，让身边的人变得更加幸福。

普通的玻璃杯就算在记忆中跟米酒有关，充其量也只是一只玻璃杯。

沾染了回忆的物品，会给珍贵的时间留下更为鲜明的记忆点。

沾染了回忆的物品，会让渐渐淡去的记忆在心中留下更加清晰的印记。

如果这种纪念品正好又是自己的心动物品，那就越发容易浸染上回忆了。

而且，就算有一天这只杯子被打破了，或者完成了它的历史使命，需要我感恩道别，有关那次赏花的回忆还是会清晰地留存在我的心中。

**物品就是每个人自己的化身。**

**就算物品消失了，回忆也永远不会消退。**

认真地对待自己的物品，从中挑选出心动物品。接下来，只需思考该如何和这些物品一起度过美好时光就行了。这样一来，往后的每一天都会变得轻松愉快，让人满心期待。

为了迎接这样的日子，请务必尽早完成物品的整理工作。

祝愿大家早日过上这样的生活——被喜欢的物品和重要的人围绕着，每一天都过得怦然心动。

结束语

# 整理是一个发现自己的过程

　　市面上流传着许许多多详细的收纳技巧，不过我觉得，要做好收纳，九成还是得靠精神。

　　整理，说到最后是一个发现自己的过程。

　　所以，难免会有一些困难的时刻。

　　依我个人经验来讲，整理这件事做起来既耗时又费力。

　　那么，你现在是否在享受整理？

　　你是否在不知不觉间，把整理当成了一种目的，像苦行僧似的辛苦劳动，或是一想到整理这回事胸口就透不过气来？

你是否觉得整理没做完就没法进行其他的事？

每次看到这样的朋友，我就会想起高中时那个深受整理困扰的自己。

如果现在的你也正好遇到这样的困扰，那么请先把手头的整理工作停一停，把注意力集中在好好对待身边的物品上，例如你穿在身上的衣服，正在使用的文具、电脑、锅碗瓢盆，等等。请对所有这些围绕在你身边的物品道一声谢。

因为，你家里面的任何一样东西都是为了能让你生活得更好而存在的。

"原来是这些东西在一直守护着我啊！"

"拥有这些东西，我觉得好满足啊！"

等你意识到这些的时候，再开始整理也不迟。

真正的整理，并不是要你否定过去的自己，而是教你认清当下的自己。

最后，我由衷感谢翻阅这本书的朋友。因为有你们的支持，什么都不会、只会整理的我，才能写成这本书。在这里我要表达我的诚挚谢意。

如果整理魔法能为你的生活增光添彩，哪怕只有那么一点，也是我最大的荣幸。

近藤麻理惠

真正的人生，从整理之后开始！

**图书在版编目（CIP）数据**

怦然心动的人生整理魔法.实践解惑篇／（日）近藤
麻理惠著；颜尚吟译.—长沙：湖南文艺出版社，
2019.1（2024.2 重印）
ISBN 978-7-5404-8816-1

Ⅰ.①怦… Ⅱ.①近… ②颜… Ⅲ.①生活—知识
Ⅳ.① TS976.3

中国版本图书馆 CIP 数据核字（2018）第 171956 号

**著作权合同登记号：图字 18-2018-123**

人生がときめく片づけの魔法 #2 by Marie Kondo

Copyright © 2012 by Marie Kondo / KonMari Media Inc. (KMI)

Published by arrangement with KonMari Media Inc., through The Grayhawk Agency Ltd.
本书译文由北京凤凰雪漫文化有限公司授权使用

**上架建议：畅销·生活**

PENGRAN XINDONG DE RENSHENG ZHENGLI MOFA. SHIJIAN JIEHUO PIAN

**怦然心动的人生整理魔法.实践解惑篇**

作　　者：［日］近藤麻理惠
译　　者：颜尚吟
出 版 人：陈新文
责任编辑：薛　健　刘诗哲
监　　制：蔡明菲　吴文娟
策划编辑：李齐章　董　卉
特约编辑：汪　璐
版权支持：辛　艳
营销支持：杜　莎　张锦涵　李天语
封面设计：梁秋晨
版式设计：利　锐
封面插画：黄　月
出版发行：湖南文艺出版社
　　　　　（长沙市雨花区东二环一段 508 号　邮编：410014）
网　　址：www.hnwy.net
印　　刷：北京中科印刷有限公司
经　　销：新华书店
开　　本：775mm×1120mm　1/32
字　　数：151千字
印　　张：9
版　　次：2019年1月第1版
印　　次：2024年2月第10次印刷
书　　号：ISBN 978-7-5404-8816-1
定　　价：45.00元

若有质量问题，请致电质量监督电话：010-59096394
团购电话：010-59320018